与最聪明的人共同进化

潮涌 CHEERS

HERE COMES EVERYBODY

U0248029

理论最小值：
量子力学

The Theoretical Minimum

[美] 莱昂纳德·萨斯坎德
LEONARD SUSSKIND
[美] 阿特·弗里德曼
ART FRIEDMAN
著

王乔 译

QUANTUM MECHANICS

浙江教育出版社·杭州

科学大师书系

For our parents,
who made it all possible:
Irene and Benjamin Susskind
George and Trudy Friedman

献给我们的父母
本杰明·萨斯坎德和艾琳·萨斯坎德
乔治·弗里德曼和特鲁迪·弗里德曼
是他们让这一切成为可能

測一測

你对量子力学了解多少?

扫码鉴别正版图书
获取您的专属福利

- 量子力学中经常被研究的对象是:

  A. 原子

  B. 电子

  C. 微观粒子

  D. 光子

扫码获取全部测试题及答案,
一起了解量子力学

- 是量子纠缠导致了经典力学和量子力学之间巨大的鸿沟吗?

  A. 是

  B. 否

- "蝴蝶效应"存在于量子系统中吗?

  A. 存在

  B. 不存在

扫描左侧二维码查看本书更多测试题

神奇的量子力学

莱昂纳德·萨斯坎德

弦论之父，著名理论物理学家

从很多个方面来讲，爱因斯坦都称得上是量子力学之父，他与量子力学的爱恨纠缠广为人知，而他与尼尔斯·玻尔（Niels Bohr）的辩论也在科学史上留下了浓墨重彩的一笔。玻尔是完全拥抱量子力学的，而爱因斯坦则持深刻怀疑的立场。关于这场知名的辩论，大部分的物理学家都认为是玻尔赢了。不过现在看来，包括我自己在内的越来越多的物理学家开始认为，这一看法对爱因斯坦而言实在有失公允。

玻尔和爱因斯坦都是十分敏锐的人。爱因斯坦总是试图揭示出量子力学中存在的不自洽之处，而玻尔却又每每能够反驳他的论证。然而，在爱因斯坦对量子力学发起的最后一次攻击中，他所揭示的内容特别深刻与反直觉，问题也特别重大，当然也特别令人兴奋，结果令 21 世纪初的物理学家们再次为之神魂颠倒。玻尔对爱因斯坦最后的大发现的回应则是置之不理，而这个大发现正是纠缠现象。

纠缠现象是量子力学的基本事实，正是它导致了量子力学与经典物理学之间巨大的鸿沟，它挑战了我们对于物理世界中真实性的理解。通常我们对于物理系统的直觉是这样的：如果我们知道了一个系统的全部，也就知道了它每一部分的细节，原则上你当然能做到这一点。如果我们了解了一辆汽车的全部状况，那么我们就已经知道了它的轮胎、引擎、变速箱，甚至固定装饰用的螺丝等。如果机械师跟你说"我了解你车子的全部，但是我却无法说出其中任何一部分的细节"，这可就太不合理了。

而这恰恰是爱因斯坦想要告诉玻尔的东西：在量子力学中，一个人可以知晓一个系统的全部，却无法了解它的各个部分的信息。可惜玻尔当时并未能领会到。我想要补充的一点是，几代量子力学教材也都轻率地忽略了这一点……

每个人都知道量子力学很难懂，但我怀疑很少有人能说清到底难懂在什么地方。不同于大部分的教材或者课程，本书的焦点放在了逻辑原理上，我们的目标不是把量子逻辑的奇异性质隐藏起来，而是要把它暴露在阳光下。

　　我想提醒一下，这本书的内容是我的一系列网络课程"理论最小值"中的一部分，本书的另一位作者阿特·弗里德曼是这个系列课程的一名学生。学生的身份正是阿特的优势，他对那些会让初学者犯糊涂的问题很是敏感。在本书的写作过程中，我一直非常开心，并尽量把这些愉悦转换成行文中的一点幽默。如果你没有感受到的话，也请不要在意。

从美丽走向瞩目

阿特·弗里德曼
数据咨询师

　　没有想到在斯坦福大学取得了计算机硕士学位这么多年之后，我还有机会参加莱昂纳德的讲座。虽然我短暂的物理"生涯"早就随着本科毕业而结束了，但我对这个学科的兴趣依旧强烈。

　　在这门课上，我遇到了很多同伴，我的世界中充满了这些对物理学真正抱有浓厚兴趣的人，尽管每个人都有各自不同的生活，但这本书是为我们所有人写的。

　　从某些方面来说，我们也可以单纯从定性研究的层面上去理解量子力学，但正是数学才让它从美丽走向瞩目。我们的工作就是努力地把这些神奇的部分带给非物理专业但具有一定数学修养的人。我觉得我们做得还不错，希望你也能认同。

这样一项工程离不开众人的帮助，布罗克曼公司（Brockman, Inc.）承担了大量商业端的工作，珀修斯图书集团（Perseus Books Group）的产品团队是优秀的。我真诚地感谢 T. J. 凯勒（T. J. Kelleher）、雷切尔·金（Rachel King）和蒂塞·高木（Tisse Takagi）。与才华出众的文字编辑约翰·瑟西（John Searcy）的合作对于我来说是一笔宝贵的财富。

我还要感谢参加莱昂纳德教授的继续教育课程的学生，他们经常孜孜不倦地提出发人深思并会引发激烈争辩的问题，以及组织趣味盎然的课后讨论。鲍勃·科尔韦尔（Rob Colwell）、托德·克雷格（Todd Craig）、蒙蒂·弗罗斯特（Monty Frost），还有约翰·纳什（John Nash）对本书初稿提出了建设性的修改意见。杰里米·布兰斯科姆（Jeremy Branscome）和拉斯·布赖恩（Russ Bryan）认真审校全书并发现了很多问题。

我要感谢我的家人和朋友们的支持与鼓励，特别感谢我的女儿汉娜帮我操持这个家。

除了给予我爱、鼓励以及展现洞察力和幽默感，我的贤妻玛格丽特·斯隆（Margaret Sloan）还为本书绘制了1/3 的图片以及两幅希尔伯特之地（Hilbert's Place）的图画，谢谢你，玛吉①。

在这个工程开始的时候，莱昂纳德跟我说学习一门知识最好的方法就是写一本书，这也是我写书的最初动机。我知道这是对的，但不知道应该怎样做，是莱昂纳德让我有这个机会弄清楚这一过程，我非常非常感谢他。

---

① 玛吉为玛格丽特的昵称。——编者注

咱们希尔伯特之地见

阿特瞥了一眼手上的啤酒说:"莱尼,我们玩一局爱因斯坦－玻尔游戏吧。"

"好吧,但我讨厌失败。这次你扮阿因斯坦,我要做莱玻尔,你先开始吧。"

"可以,我的第一攻是:上帝不掷骰子。哈哈,莱玻尔,我先得一分。"

"别急,阿因斯坦,别急。朋友,正是你第一个指出了量子力学的本质是概率性的啊!嘿嘿,这可值得上两分。"

"呃,我要收回那个观点。"

"你不能收回。"

"我可以。"

"你不能。"

很少有人注意到爱因斯坦在 1917 年发表的文章《关于辐射的量子论》（*On the Quantum Theory of Radiation*）中，曾论证伽马射线的辐射要满足统计性的规律。

教授与小提琴手走进了酒吧

《理论最小值：经典力学》（*The Theoretical Minimum*）使用了两个假想的人物莱尼与乔治，利用他们之间的对话展开叙述，这两个人物来源于诺贝尔文学奖得主约翰·斯坦贝克（John Steinbeck）的小说《人鼠之间》（*Of Mice and Men*）中的两个角色。而"理论最小值"系列的这一卷"量子力学"则受到了美国短篇小说家达蒙·鲁尼恩（Damon Runyon）作品的启发。这是一个充满欺骗的世界：骗子、废材（degenerate）、滑头（smooth operators）①和空想家，当然还有一些混日子的家伙。故事发生在一个名为"希尔伯特之地"的酒吧。

就在这时，莱尼和阿特，两个不谙世事的加州人，不明就里地下了旅游大巴，走进了酒吧。

---

① 原文此处双关，比如 degenerate 在后文中指"简并"，而 operator 指"算符"。——译者注

祝他们有好运气，他们很快就会需要的。

尽可能简单，又不过于简单

在这趟旅程中，你并不需要是一名物理学家，但你应该已经掌握了一些微积分和线性代数的基本知识，还有一些在《理论最小值：经典力学》中包含的内容。如果你对数学知识已经生疏了也没有关系，我们将一边前进，一边回顾与讲解这些知识，特别是关于线性代数的部分。《理论最小值：经典力学》中则回顾了微积分的基本思想。

不要因为书中一些漫不经心的玩笑就错以为这本书写得很肤浅。绝非如此，我们的目标是让这门较难的学科变得"尽可能简单，又不过于简单"，同时也希望你在学习过程中能感受到乐趣。咱们希尔伯特之地见！

目 录

Quantum
Mechanics

引 言

是时候应用全新的思考逻辑了

相对来说，经典力学比较直观，一切事物都会按照可预见的方式运行。一个有经验的球手只需瞄一眼飞行中的球，就能依据它的位置和速度判断落点，从而及时地接到球。当然，突然刮起的一阵风可能会让他失算，但这只是因为他没有考虑到全部变量。有一个明显的道理可以解释为什么经典力学会符合直觉：人类，或者人类出现之前的动物，每天都会为了生存而使用经典力学。但直到 20 世纪都还没有人使用过量子力学，量子力学描述的物体太小，完全超出了人类感知的范围。所以人类没有进化出有关量子世界的直觉也就说得通了，我们唯一能够领悟它的方法就是使用抽象的数学重塑我们的直觉。幸运的是，我们确实进化出了这种重塑之力，但为什么有如此这般的进化，还是未解之谜。

通常我们先学习经典力学，之后才会接触量子力学，但是实际上量子力学要比经典物理学更为基础。就目前所知，量子力学能够精确地描述任何一个物理系统，而对于其中那些足够大的系统来说，经典力学可以很好地近似量子力学，所以经典力学只不过是一个近似的概念。从逻辑的角度上说，我们倒是应该先学习量子力学才对，然而很少有物理教师愿意接受这样的授课顺序。这个系列讲座"理论最小值"也是从经典力学开始的。在"量子力学"部分的讲座中，经典力学只在接近结尾的时候才有一些出场机会，远在量子力学原理的解释之后。我认为这才是正确的呈现方式，不仅在逻辑上，而且在教学上也是对的。也不要陷入另外一个误区，不要认为量子力学只是经典力学的"新外衣"。实际上，量子力学在技术上比经典力学要更简单。

最简单的经典系统就是双态系统，相当于计算机科学中的基本逻辑单元——比特。它可以代表任何只有两种状态的东西。比如，一枚硬币的正面与反面，一个闸门的开与关，或者被限制在一点的小磁石的南极与北极。就像你期待的那样，双态系统简单极了，特别是在你学习了《理论最小值：经典力学》的第 1 讲之后，真会觉得双态系统单调到无聊。在本书中，我们还是从量子力学版本的双态系统开始介绍，该双态系统叫作量子比特，相比之下它就好玩多了。为了理解它，我们需要全新的思考方式，以及全新的逻辑。

Quantum Mechanics

第 1 讲

系统与实验

Lecture 1
Systems and Experiments

Quantum
Mechanics

莱尼和阿特漫步进入希尔伯特之地。

阿特：这是什么鬼地方，《阴阳魔界》[1] 里描述的场景吗？还是什么游乐园？我已经晕头转向了。

莱尼：放松！你会适应的。

阿特：哪边是上？

---

[1]《阴阳魔界》（*The Twilight Zone*）是一部融合了悬疑、心理、科幻、恐怖等多种元素的美剧。——译者注

奇异的量子力学

是什么让量子力学如此特别？为什么它会那么难以理解？人们很容易归罪于"它在数学方面太难"，这样说也有一些道理，但远非全部。物理学家之外的很多人也能精通经典力学和场论，所需的数学知识同样也很难。

量子力学研究的是微观粒子的运动规律，对于我们人类来说它们太小了，所以很难通过视觉感知。从尺度上来讲，单个原子大致接近了量子尺度的上限，而电子更是一个经常被研究的对象。我们的感觉器官中，没有任何一部分构造能够察觉出电子的运动，我们所能做的就是把电子和电子的运动理解为一种数学抽象。

"那又怎样？"持怀疑态度的人可能会问，"经典力学中也充满了各种数学抽象啊，比如质点、刚体、惯性系、位置、动量、场、波等，可以一直罗列下去。数学抽象可是一点都不新鲜啊。"实际上这正说到了点子上，确实，经典力学和量子力学在一些重要的地方上是共通的，但两者在两个方面有所不同：

1. **不同的抽象方式**：量子力学的抽象与经典力学的抽象有着根本上的差异。比如量子力学中对态（state）的理解，与经典力学中所对应的内容是完全不同的。为了表征量子态，要使用不同的数学对象，以及不同的逻辑结构。

2. **态与测量**：在经典力学世界中，一个系统的态，与对这个系统测量的结果之间的关系是直接明了的，甚至可以说是毫不重要的。描述一种态所用的符号（例如一个粒子的位置和动量），与测量该态所使用的符号是同一个。换一种说法就是，我们可以通过一次实验的测量来得到某个系统的态。但这在量子的世界里是行不通的，态与测量是两回事，两者的关系既微妙，又反直觉。

这些观念尤为关键，我们将会多次进行论述。

自旋与量子比特

粒子物理学中引入了"自旋"（spin）这一概念。除了空间中的位置，粒子还有其他属性，比如，它们可以带电，也可以不带电；可以有质量，也可以没有。一个电子当然不同于一个夸克或者一个中微子。但即便是同类型的粒子，只用位置并不能描述它的全部信息。还是来说说电子吧，电子拥有一个额外的自由度，被称作自旋。从最朴素的角度来说，自旋可以图像化为一个带指向的小箭头，但这个朴素图像过于经典，无法精确地表现真实的情况。电子的自旋大概是最具量子力学味道的物理系统了，对它进行的任何经典力学图像化的尝试都将不得要领。

我们可以抽象出自旋这一思想，然后忘掉它原本是附着在电子上的，量子自旋本身就是一个值得研究的系统。实际上，这个从电子身上剥离下来的量子自旋，正是最简单又最具特色的量子系统。

孤立的量子自旋正好给出了一类简单系统的例子，我们称之为量子比特（qubit），它在量子世界中扮演的角色恰如计算机中用来定义状态的逻辑比特。很多系统，甚至可能是所有系统，都能通过量子比特的组合方式来构造。因此在学习它的时候，我们同时也在学习更多量子比特之外的内容。

实验，以及不断重复

让我们用尽可能简单的例子来具体化这一思想。在《理论最小值：经典力学》的第 1 讲中，我们的讨论始于一个非常简单的确定性系统：一枚硬币，它只能显示正（H）或反（T）两个面。我们称其为带有 H 和 T 两个态的双态系统，或者比特。更加形式化地，我们引入一个"自由度"σ，它可以取两个值：+1 和 -1。H 态可以表示为：

$$\sigma = +1$$

而 T 态则可以表示为：

$$\sigma = -1$$

在经典力学中，这就是态空间的全部内容。系统要么处于态 $\sigma = +1$，要么处于态 $\sigma = -1$，不会处于两者之间。在量子力学里，我们认为这样的系统是一个量子比特。

《理论最小值：经典力学》也讨论了一些简单的演化定律，它告诉我们态如何从一个时刻变化到另一个时刻。最简单的定律就是没有任何变化，如果我们从某个离散的时刻 n 进行到下一个时刻 $n+1$，演化的规律可以写作：

$$\sigma(n+1) = \sigma(n) \qquad (1\text{-}1)$$

现在让我们挖出在《理论最小值：经典力学》中未被关注的隐藏假设：一次实验中涉及的东西超出被研究的系统本身，还包括了用于测量的仪器 $\mathscr{A}$ 和测量结果的记录。对于双态系统来说，仪器会和（自旋）系统相互作用，并记录 σ 的值。把仪器想象成一个黑箱[①]，黑箱有一个用来显示测量结果的窗口，外边还有一个向上的箭头。向上的箭头很重要，它表示了仪器自己在空间中的指向，而这个指向将会影响测量结果。我们先让它指向 z 轴方向（如图 1-1 所示）。初始时，我们并不知道是 $\sigma = +1$ 还是 $\sigma = -1$，我们的目的就是做一个实验来找到 σ 的取值。

在仪器和自旋发生相互作用之前，窗口是空白的（在图中标记为问号），当对 σ 进行了测量之后，窗口显示出 +1 或者 -1。通过读取仪器，我们就能测量出 σ 的数值。这一整套过程就构成了一个用于测量 σ 的非常简单的实验。

---

① "黑箱"的意思是我们并不知道仪器里面有什么，也不知道它是如何工作的，可以确定的是，里面不会有猫。

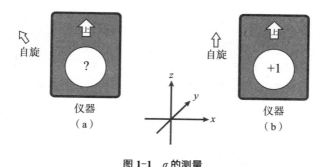

图 1-1　σ 的测量

注：图 a 为在没有发生任何测量之前的自旋与"无猫"仪器。图 b 为进行一次测量之后的自旋与"无猫"仪器。测量的结果是 $\sigma_z = +1$，现在自旋也被制备到了 $\sigma_z = +1$ 的态。如果自旋不被扰动，仪器的方向也不发生变化的话，后续的所有测量都会给出相同的结果。坐标轴用来标记对空间方向的约定。

现在我们已经测量过一次 σ 了，然后把仪器重置到初态，而不去扰动自旋，再次测量 σ 的数值。假设演化定律遵从公式 1-1，我们应该得到和第一次相同的结果。如果之前为 σ = +1，第二次还是 σ = +1；反之都是 σ = -1。无论重复多少次测量，结果都将是一样的。这是件好事，因为可以用这种方法来确认实验的结果。换句话说就是：与仪器 𝒜 的第一次相互作用把系统制备到了两个态中的一个，后续的实验则确认了这个态。到目前为止，经典物理学和量子力学之间还没有差别。

接下来让我们玩点新东西。在使用仪器 𝒜 测量自旋，也就是制备好系统之后，我们将仪器倒置，再次测量 σ（如图 1-2 所示）。如果原先制备的是 $\sigma = +1$，我们会发现倒置的仪器测量的结果是 $\sigma = -1$。类似地，如果原先是 $\sigma = -1$，倒置的仪器记录的是 $\sigma = +1$。换句话说就是，倒置仪器使得 $\sigma = +1$ 和 $\sigma = -1$ 发生对换。根据这些结果，我们可以得出结论：σ 是一个与空间方向相关的自由度。举例思考，假如 σ 是某种带指向的矢量，那么我们很自然地期待倒置仪器会得到一个相反的读数。有一个简单的解释是：仪器所测量的正是矢量在该仪器内嵌方向轴上的分量。但这样的解释在所有的情况下都说得通吗？

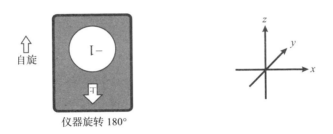

图 1-2　倒置仪器后测量 σ

注：仪器被迅速翻转，而没有扰动之前测量过的自旋，新的测量结果是 $\sigma = -1$。

如果我们认定自旋是一个矢量，那我们就可以很自然地使用三个分量 σ_x、σ_y 和 σ_z 来描述它。当把仪器指向上方时，我们就是在测量 σ_z。

到目前为止，量子力学和经典力学之间还没有差别。只有当我们把仪器转动到某个任意的角度时差别才出现，比如弧度 $\pi/2$（90°）。仪器在开始时指向上方（向上箭头指向 z 轴方向），自旋被制备到 $\sigma = +1$。接着转动仪器 $\mathcal{A}$ 使得向上箭头指向 x 轴方向（如图 1-3 所示），这自然是在测量自旋的 x 分量 σ_x。

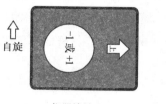

仪器旋转 90°

图 1-3　仪器旋转 90° 后测量 σ

注：把仪器转动 90°，有 50% 的概率会测到一个新的结果 $\sigma_z = -1$。

如果 σ 真的代表一个矢量在向上方向上的分量，那结果应该为 0。为什么呢？起始时我们可以确定 σ 是指向 z 轴方向的，自然说明它在 x 轴上的分量为 0。但令我们惊讶的是，我们测出的 σ_x 并不是 $\sigma_x = 0$，而是 $\sigma_x = +1$ 和 $\sigma_x = -1$ 两者中的一个。无论仪器 $\mathcal{A}$ 被转到了什么方向，它都绝对不会给出 $\sigma = \pm 1$ 之外的任何答案。如果自旋真的是个矢量的话，那也算是非常奇特的一个了。

尽管如此，我们还是发现了一些有趣的东西。假定我们依照下列步骤重复操作很多次，即：

● 开始时 $\mathcal{A}$ 指向 z 轴方向，制备到 $\sigma = +1$。

● 把仪器旋转到 x 轴的方向。

● 测量 σ。

重复这个实验，仪器将吐出一串包含 +1 和 -1 的随机序列。也就是说，决定论（determinism）被打破了，而且是以一种特别的方式打破的。如果我们重复的次数非常多，就会发现 $\sigma = +1$ 的事件数和 $\sigma = -1$ 的事件数在统计上是一样多的。换句话说，σ 的平均值是 0。经典的结果应该是 σ 在 x 轴上的分量为 0，我们发现这个结论要被取代，变成：多次重复实验的平均值为 0。

现在，我们把整个过程再做一遍，这次我们把 $\mathcal{A}$ 转到 x 轴之外的一个任意方向上，记作单位矢量① $\hat{n}$。在经典力学中，σ 是个矢量，我们可以期待实验的结果是 σ 在 $\hat{n}$ 方向上的分量。如果 $\hat{n}$ 与 z 轴的夹角是 θ 的话，经典的答案将

---

① 单位矢量（其长度为 1）的标准符号是在代表矢量的符号上面加一个"尖帽"。

是 $\sigma = \cos\theta$。你可能猜到了，每一次我们的实验结果都是 σ = +1 或者 σ = -1，但它们的统计结果会偏重于其中之一，其平均值为 $\cos\theta$。

当然，条件可以放得更宽些。我们可以不限制 $\mathcal{A}$ 的初始方向。随便选一个方向 $\hat{m}$，并将向上箭头指向这个方向，制备一个自旋，使仪器的读数为 +1，然后在不扰动自旋的情况下将仪器旋转到 $\hat{n}$ 方向（如图 1-4 所示）。对于相同的自旋，每次实验都会给出一个随机的结果 ±1，其平均值是 $\hat{n}$ 与 $\hat{m}$ 夹角的余弦，也就是说，平均值为 $\hat{n}\cdot\hat{m}$[①]。

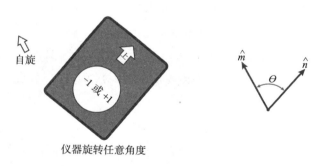

仪器旋转任意角度

图 1-4　仪器旋转任意角度后测量 σ

注：仪器在 x-z 平面内被旋转到一个任意的角度，测量的平均值为 $\hat{n}\cdot\hat{m}$。

———————————

[①] 点积是一个矢量在另一个矢量方向上的投影，对单位矢量 $\hat{n}$ 和 $\hat{m}$ 来说，即为它们夹角的余弦。——译者注

量子力学中标记一个物理量 Q 统计平均值的方法是使用狄拉克符号（Dirac's bracket）[①]$\langle Q \rangle$。利用它，我们可以这样来描述实验和结果：如果开始时 $\mathcal{A}$ 指向 $\hat{m}$ 的方向，并且确认了 $\sigma = +1$，然后 $\mathcal{A}$ 指向 $\hat{n}$，测量的统计结果写作：

$$\langle \sigma \rangle = \hat{n} \cdot \hat{m}$$

至此，我们学到了量子力学系统是非确定性的，这意味着实验的结果可能是随机的，但在重复一个实验很多次之后，物理量的平均值，至少在一定程度上可以符合经典物理学的预期。

没有实验是"轻柔"的

任何实验都必须通过一个外部系统，或者说一部仪器，与系统本身相互作用来记录结果。从这个意义上说，每次实验都是对系统的一种"侵犯"。对于经典物理学和量子力学都是如此，但只有对量子力学，这才是一个大问题。为什么这么说呢？在经典物理学中，一个理想的实验仪器对它所测量系统的影响小到难以察觉。经典的实验可以变得任意的

---

① 也叫"狄拉克括号"。——译者注

"轻柔"，同时还能保持精度，实验的结果也能够多次重现。例如，箭头的方向可以通过聚焦反射回来的光所成的像来确定。同时，毋庸置疑，所用光的波长一定要足够小。使用任意微弱的光来成像，这在经典物理学中算不得什么。也就是说，光的能量可以想要多小就有多小。

在量子力学中，情况则有着根本性的不同。任何强到足以测量系统中某个性质的相互作用，也必定足以破坏该系统的其他属性。因此你无法在了解一个量子系统的同时，却不改变任何东西。

我们在包含 $\mathcal{A}$ 和 σ 的实验中很明显地能够看出这一点。假设仪器一开始指向 z 轴方向，令 $\sigma = +1$。如果之后还用 $\mathcal{A}$ 沿着 z 轴测量 σ 的话，我们只会不断确认之前的数值，可以一遍又一遍地去做，不会有任何的改变。接下来考虑这样的可能性：在两次测量指向 z 轴方向的结果之间，我们把 $\mathcal{A}$ 旋转 90°，测量一次，然后再转回来。那么接下来指向 z 轴方向的测量结果一定与最初的结果一致吗？答案是否定的。中间的那次指向 x 轴方向的测量让自旋进入完全随机的方向，直到下一次测量发生为止。没有办法在不扰动最终结果的前提下做一次中间测量。也就是说，对自旋的其中一个分量的测量会毁掉其他分量的信息。实际上，人们无法同时知道一个自旋在两个不同轴上的分量，而且在任何条件下都没

有可以重复出来的方法。这是量子力学中的态与经典物理学
中的态的根本不同之处。

命题的真相

经典物理学中的态空间是一个数学集合。如果是硬币系
统，态空间是含有两个元素 H 和 T 的集合。使用集合的记
号，我们可以标记为 $\{H,\ T\}$。如果系统是 6 个面的骰子，
那么态空间有 6 个元素，标记为 $\{1, 2, 3, 4, 5, 6\}$。集合论遵
从布尔逻辑（Boolean logic），而布尔逻辑是我们熟知的命
题逻辑的形式化版本。

布尔逻辑中的基本思想在于"真值"（true value）的概念。
一个命题的真值只能取真或者假，不容许介于真假之间。在
集合论里，与之相关的概念是子集。粗略地说，一个命题为
真，是指所有元素都包含在它所对应的子集里；反之为假，
也就是所有的元素都不在它的子集里。例如，如果用集合代
表骰子可能的状态，就可以考虑如下命题：

　　　　A：骰子的数值为奇数。

对应的子集包含有三个元素 $\{1, 3, 5\}$。

其他命题的情况为：

B：骰子的数值小于 4。

对应的子集包含的元素有 {1, 2, 3}。

每个命题都有它的反面，也叫负命题（negation）。例如：

非 A：骰子的数值不是奇数。

这个负命题的子集是 {2, 4, 6}。

简单命题按照一定的规则可以结合成复合命题，其中最重要的有"与""或""非"。我们刚刚看到的这个例子就是把"非"应用于一个子集或者命题上。"与"取其字面意思，它的应用对象是两个命题[①]。它意味着两个命题都要是真的。从元素的角度来说，"与"运算的结果是原来的两个子集的交集（共有部分）。在骰子的例子中，子集 A 和 B 的交集所包含的元素必须既是奇数又小于 4。图 1-5 使用维恩图来解释这一点。

———————

① "与"可以应用于两个以上的命题，但是我们只考虑两个命题的情况，"或"也是这样。

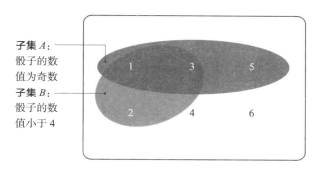

图 1-5　单个骰子的态空间

注：子集 *A* 代表命题 "骰子的数值为奇数"，子集 *B* 代表 "骰子的数值小于 4"。深色的阴影区域是 *A* 和 *B* 的交集区域，它对应着命题（*A* 与 *B*）。白色数字是 *A*、*B* 的并集的元素，对应着命题（*A* 或 *B*）。

"或"的规则类似于"与"，但有一点微妙。在日常的语境中，"或"有表达互斥（exclusive）的意思，也就是说两个命题中只有一个是真的，而不能同时为真。然而在布尔逻辑中使用的"或"是相容的（inclusive），只要两个命题中的一个为真，则结果为真。比如如下事实：

爱因斯坦发现了相对论 或 牛顿是英国人。

在使用相容的"或"时，下面的命题也为真：

爱因斯坦发现了相对论 或 牛顿是俄国人。

只有在两个命题都为假的时候，相容的"或"才是假的，比如命题：

爱因斯坦发现了美洲 [①] 或 牛顿是俄国人。

在集合论里相容的"或"，可以解释成两个集合的总和，也就是包含两个子集中的全部元素。回到骰子实验，（A 或 B）对应的子集是 {1, 2, 3, 5}。

经典命题的检验

下面让我们回到简单的量子系统上，它只有一个自旋，我们用仪器 $\mathcal{A}$ 来检验相关命题的真假。考虑如下的两个命题：

A：自旋的 z 分量为 +1；
B：自旋的 x 分量为 +1。

---

① 好吧，也许爱因斯坦确实发现了美洲，但他不是第一个发现者。

这两个命题中的每一个都是有意义的，并且能够通过旋转仪器 $\mathcal{A}$ 到相应的方向来检验。每个命题的负命题也是有意义的。比如，第一个命题的负命题是：

非 A：自旋的 z 分量为 -1。

现在开始考虑下列复合命题：

（A 或 B）：自旋的 z 分量为 +1 或 x 分量为 +1；

（A 与 B）：自旋的 z 分量为 +1 与 x 分量为 +1。

我们如何来检验命题（A 或 B）呢？如果是经典的自旋（实际上当然不可能是），我们可以这样处理①：

● 轻柔地测量 σ_z 并记录其数值。如果是 +1，我们就完成了测量。结果是命题（A 或 B）为真。如果 σ_z 是 -1，继续下一步。

● 轻柔地测量 σ_x 并记录其数值。如果是 +1，命题

——————————
① σ 在经典力学和在量子力学中的含义并不相同。在经典力学中，σ 是一个三维矢量，σ_x 和 σ_z 代表它的两个空间分量。

（A 或 B）为真。如果不是，这意味着 σ_z 和 σ_x 都不等于 +1，所以（A 或 B）为假。

还有另一种方法，就是交换两次测量的顺序。为了强调顺序的颠倒，我们把它称为一个新的过程（B 或 A）。

● 轻柔地测量 σ_x 并记录其数值。如果是 +1，我们就完成了测量。结果是命题（B 或 A）为真。如果 σ_x 是 -1，继续下一步。

● 轻柔地测量 σ_z 并记录其数值。如果是 +1，命题（B 或 A）为真。如果不是，这意味着 σ_x 和 σ_z 都不等于 +1，所以（B 或 A）为假。

在经典物理学中，两次不同顺序操作的结果是一样的。因为测量的影响可以被任意地减弱，也就是总可以减弱到不影响下一次测量。因此命题（A 或 B）和（B 或 A）的意义是一样的。

量子命题的检验

现在我们进入之前描述的量子世界中。先来想象一个我们不知晓的人，或者某种东西，已经悄悄地制备好了一个自旋系统，该系统处于 $\sigma_z = +1$ 的态。我们的工作就是使用仪器 $\boldsymbol{A}$ 来判断命题（A 或 B）是真还是假。处理的过程尝试按照刚刚介绍的两步法。

我们先测量 σ_z。显然系统已经被默默地设置好了，自然得到 $\sigma_z = +1$ 的结果。不再需要第二步，（A 或 B）为真。尽管如此，我们还是再测一下 σ_x，来看看会出现什么样的结果。答案是无法预测结果，我们发现结果随机地出现 $\sigma_x = +1$ 或者 $\sigma_x = -1$，但无论是哪一个结果，都不会改变命题（A 或 B）为真的事实。

接下来，让我们调换测量的顺序。就像之前那样，我们称这个相反的过程为（B 或 A），而且这一回，我们先测量 σ_x。因为默认的设置是自旋沿着 z 轴取 $+1$，所以对 σ_x 测量的结果是随机的。如果结果为 $\sigma_x = +1$，我们完成实验，结果是（B 或 A）为真。但假如结果为 $\sigma_x = -1$，也就是自旋的方向已经指向 $-x$ 的方向。让我们在这里暂停一下，确保已经理解目前到底发生了什么。作为第一次测量的结果，自旋不再处于开始时 $\sigma_z = +1$ 的态，它进入了一个新的态，要么是 $\sigma_x = +1$，要么是 $\sigma_x = -1$。请花点时间让这个想法在你的脑海中沉淀一下，不要低估它的重要性。

现在我们已经准备好进行命题（B 或 A）的第二部分检验了。旋转仪器 $\mathcal{A}$ 到 z 轴方向，开始测量 σ_z。根据量子力学，结果是随机产生 +1 或 -1。这意味着有 25% 的概率，系统处于 $\sigma_x = -1$ 并且 $\sigma_z = -1$ 的态。也就是说，我们发现命题（B 或 A）为假的概率依然有 1/4，罔顾系统在最开始的时候确确实实地被设置成了 $\sigma_z = +1$ 的态。

很明显，在这个例子中，相容的"或"并不是对称的。（A 或 B）的真实性依赖于我们检验命题的顺序。这可不是个小问题，这意味着不仅量子力学的定律是不同于经典物理学的，甚至逻辑的基础也是不同的。

（A 与 B）的情况又会怎么样呢？假设我们的第一步测量得到的是 $\sigma_z = +1$，而第二步是 $\sigma_x = +1$，这当然是一个可能的结果，我们可以倾向于认为（A 与 B）为真。但在科学中，尤其是物理学中，一个真实的命题往往意味着能够被后续的观测所检验。然而，对于经典物理学而言，观测总是很微弱的，所以后续的观测不会改变之前的结果。一个正面向上的硬币不会因为被看了一眼就变成反面朝上，至少在经典物理学中不会。但在量子力学中，第二步的测量（$\sigma_x = +1$）将彻底毁掉重新验证第一步的可能性。一旦 σ_x 被制备到了 x 轴方向上，再去测量 σ_z，得到的答案将是随机的，所以无法断定命题（A 与 B）的真实性，因为实验的后半部分会干涉前半部分确认的结果。

如果以前了解过一些量子力学知识的话，你会看出我们讨论的正是海森堡不确定性原理。海森堡不确定性原理不只可以应用于位置和动量（或速度）之间，还可以应用在很多成对的力学量之间。以自旋为例，它可以应用于 σ 的两个不同空间分量之间。而对于位置动量的情况，我们可以考虑如下两个命题：

● 某个粒子位于 x 处。

● 该粒子的动量为 p。

这两个命题可以组合成如下两个复合命题：

● 粒子位于 x 处　与　粒子的动量为 p。

● 粒子位于 x 处　或　粒子的动量为 p。

比较尴尬的是，上面两个命题无论在日常语言中，还是经典物理学中都是有意义的命题；而在量子力学中，第一个是完全没有意义的（甚至都谈不上对还是错），而第二个虽然有意义却和你想象的意思相去甚远。这源于经典与量子之间对系统态的概念在深层次逻辑上的差异。对于量子态的概念的解释需要补充一些抽象数学知识，所以让我们暂时停下来，先去介绍一些复数和矢量空间的内容，等到后面我们研究自旋态的数学表达的时候，就会更容易理解为什么我们需要运用复数。

数学补充：复数

学习过"理论最小值"课程并一直学习到这里的每一个人都应该知道复数。但我们还是要用一点篇幅来重复一些要点。如图 1-6 所示为一些复数的基本要素。

一个复数 z 是一个实数加上一个虚数。可以写作：

$$z = x + iy$$

其中的 x 和 y 是实数，而 $i^2 = -1$，复数可以按照标准的代数法则进行加法、乘法和除法操作。并且复数可以图像化为复平面上的点，坐标是 x 和 y。同样它也能在极坐标中进行表示：

$$z = re^{i\theta} = r(\cos\theta + i\sin\theta)$$

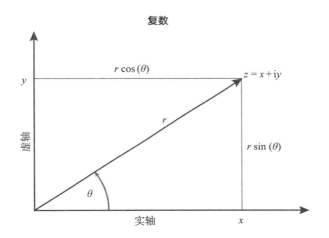

图 1-6 复数的两种表示方法

注：在笛卡尔坐标中，x 和 y 代表着横向（实部）和纵向
（虚部）的分量。在极坐标中，r 代表半径，θ 代表从 x 轴方向开
始偏离的角度。在每种表示中都需要两个实数来表示一个复数。

复数的求和很容易通过分量的形式来完成，只要分量分
别相加即可。类似地，在极坐标中，乘法计算非常容易，也
就是半径相乘，角度相加，如下式所示：

$$\left(r_1 e^{i\theta_1}\right)\left(r_2 e^{i\theta_2}\right) = \left(r_1 r_2\right) e^{i(\theta_1 + \theta_2)}$$

每个复数 z 都有它的复共轭（complex conjugate）z^*，
它很容易得到，只需把虚部前边反号即可，对于以下复数：

$$z = x + iy = re^{i\theta}$$

其复共轭是：

$$z^* = x - iy = re^{-i\theta}$$

一个复数和它的复共轭相乘总会得到一个实数：

$$z * z = r^2$$

复共轭本身也是复数，但是把 z 和 z^* 认为属于各自独立的对偶系统是很有用的。所谓对偶的意思是每一个 z 都对应唯一的一个 z^*，反之亦然。

有一类特殊的复数我们称之为"相因子"，相因子是 r 分量恒为 1 的复数。如果 z 是相因子，那么它有如下的一些表达式：

$$z * z = 1$$
$$z = e^{i\theta}$$
$$z = \cos\theta + i\sin\theta$$

数学补充: 矢量空间

公理

对于经典物理学，态空间是所有可能的态的集合，同时经典物理学遵从布尔逻辑，这样的思路是很明显的，很难设想还有其他可能。可是真实的世界却行走在另一条路上，至少在量子力学不可被忽视的时候。量子系统的态空间不是一个数学集合 [①]，而是一个矢量空间。矢量空间中元素的相互关系与集合中元素之间的关系并不相同，遵从的逻辑也不相同。

在介绍矢量空间之前，我们需要弄清楚矢量这个术语的含义。众所周知，我们使用矢量这个术语去描述一个具有大小和方向的量，它有三个方向，对应空间中的三个维度。现在希望你完全忘记这些。从现在开始，当我们提到在通常的空间中具有大小和方向的量时，将明确地使用"3-矢量"这个词。而数学上的矢量空间是一个抽象的构造，它可以是通常我们熟悉的那个空间，也可以不是。它可以有很多维度，从一到无穷大，它的分量可以是整数、实数甚至更常规的东西。

[①] 更精确的说法是，尽管也可以认为态空间是一个集合，但是我们并不关心它的集合论性质。

我们用来定义量子力学的矢量空间被称为希尔伯特空间，我们不会在这里给出它的数学定义，不过你可能要把这个术语加到你的字典里了。当你在量子力学里遇到希尔伯特空间这个词时，它指的是态空间。希尔伯特空间可以是有限维的也可以是无限维的。

在量子力学中，一个矢量空间是由元素 $|A\rangle$ 来组成的，$|A\rangle$ 叫作右矢量（ket-vector），或者直接叫作右矢（ket）。我们将用下面的几条公理来定义一个量子系统的矢量空间（z 和 ω 是复数）：

1. 任意两个右矢量的和还是右矢量：

$$|A\rangle + |B\rangle = |C\rangle$$

2. 矢量加法满足交换律：

$$|A\rangle + |B\rangle = |B\rangle + |A\rangle$$

3. 矢量加法满足结合律：

$$\{|A\rangle + |B\rangle\} + |C\rangle = |A\rangle + \{|B\rangle + |C\rangle\}$$

4. 存在唯一的零矢量，使任何右矢量与之求和都等于该
右矢量本身：

$$|A\rangle + 0 = |A\rangle$$

5. 给定任意的右矢量 $|A\rangle$，都有唯一的右矢量 $-|A\rangle$
满足：

$$|A\rangle + \left(-|A\rangle\right) = 0$$

6. 给定任意的右矢量 $|A\rangle$ 和任意复数 z，它们相乘可以
得到一个新的右矢量，同时右矢量与标量的乘法是线性的：

$$|zA\rangle = z|A\rangle = |B\rangle$$

7. 满足分配律：

$$z\left\{|A\rangle + |B\rangle\right\} = z|A\rangle + z|B\rangle$$
$$\left\{z + \omega\right\}|A\rangle = z|A\rangle + \omega|A\rangle$$

公理 6 和公理 7 经常统称为线性公理。

一般的 3-矢量都满足除公理 6 以外的上述公理。公理 6 描述了一个矢量与任意一个复数相乘的情况。而通常的 3-矢量要乘以一个实数（正数、负数或者 0），它与复数的乘法没有定义。可以认为 3-矢量形成的是一个实矢量空间，而右矢量形成的是复矢量空间。我们这里的右矢量定义是相当抽象的，后文将看到右矢量还有很多具体的表示方式。

函数与列矢量

关于复矢量空间，让我们看一些具体的例子。首先考虑一个自变量为 x 的连续复函数，记为 $A(x)$。用任意两个函数做加法，并用复数相乘，你会发现它满足上面所有 7 条公理。这是一个明显的例子，说明了我们所讲的东西要比三维箭头更具一般性。

另外一个例子是两维的列矢量。通过堆叠一对复数 α_1 和 α_2 就能构造一个列矢量：

$$\begin{pmatrix} \alpha_1 \\ \alpha_2 \end{pmatrix}$$

这个堆叠就是一个右矢量 $|A\rangle$，而复数 α 是 $|A\rangle$ 的分量。
两个列矢量的和等于它们分量的求和：

$$\begin{pmatrix} \alpha_1 \\ \alpha_2 \end{pmatrix} + \begin{pmatrix} \beta_1 \\ \beta_2 \end{pmatrix} = \begin{pmatrix} \alpha_1 + \beta_1 \\ \alpha_2 + \beta_2 \end{pmatrix}$$

将列矢量乘以一个复数 z，等于分别乘以其分量：

$$z \begin{pmatrix} \alpha_1 \\ \alpha_2 \end{pmatrix} = \begin{pmatrix} z\alpha_1 \\ z\alpha_2 \end{pmatrix}$$

可以构造任意维度的列矢量，例如一个 5 维的列矢量：

$$\begin{pmatrix} \alpha_1 \\ \alpha_2 \\ \alpha_3 \\ \alpha_4 \\ \alpha_5 \end{pmatrix}$$

正常情况下，我们不会混用不同维度的矢量。

左矢量与右矢量

正像我们看到的那样，每个复数都有一个对偶的复数，就是它的复共轭。同样，复矢量空间也有自己的对偶空间，那正是复共轭矢量空间。对每一个右矢量 $|A\rangle$，在对偶空间中都存在一个左矢量，或者叫左矢（bra），记为 $\langle A|$。为什么使用这么奇怪的记法呢？简单来说，后边我们将要定义左矢量和右矢量的内积，形式上是 bra-ket，表达式为 $\langle B|A\rangle$。内积是量子力学中极其重要的数学武器，通常用来描述矢量空间。

像右矢量一样，左矢量也满足同样的公理。关于左矢量和右矢量的对应要记住下面两点：

1. 假设 $\langle A|$ 是对应于右矢 $|A\rangle$ 的左矢量，而 $\langle B|$ 是对应于右矢量 $|B\rangle$ 的左矢量，则对应于右矢量 $|A\rangle+|B\rangle$ 的左矢量为：

$$\langle A|+\langle B|$$

2. 如果 z 是复数，对应于右矢量 $z|A\rangle$ 的左矢量并不是 $\langle A|z$。一定要记得使用复共轭，所以对应于右矢量 $z|A\rangle$ 的左矢量是：

$$\langle A|z^*$$

在另一个具体的例子中，右矢量用列矢量表示，而对偶的左矢量则用行矢量表示，且每一项都改成复共轭。也就是说，如果右矢量 $|A\rangle$ 表示为列矢量：

$$\begin{pmatrix} \alpha_1 \\ \alpha_2 \\ \alpha_3 \\ \alpha_4 \\ \alpha_5 \end{pmatrix}$$

那么对应的左矢量 $\langle A|$ 表示为行矢量：

$$\begin{pmatrix} \alpha_1^* & \alpha_2^* & \alpha_3^* & \alpha_4^* & \alpha_5^* \end{pmatrix}$$

内积

无疑，你熟悉定义在 3-矢量之间的点积，那么类比到左矢量和右矢量上的操作就是内积。内积就是左矢量和右矢量的乘积，写作：

$$\langle B|A\rangle$$

这个操作的结果是一个复数。关于内积的公理如下：

1. 内积是线性的：

$$\langle C|\{|A\rangle+|B\rangle\}=\langle C|A\rangle+\langle C|B\rangle$$

2. 对应于它的复共轭，须交换左矢量和右矢量：

$$\langle B|A\rangle=\langle A|B\rangle^{*}$$

量子力学练习

练习 1-1：

a) 运用内积的公理证明

$$\{\langle A|+\langle B|\}|C\rangle=\langle A|C\rangle+\langle B|C\rangle。$$

b) 证明 $\langle A|A\rangle$ 是一个实数。

当用行矢量和列矢量来表示左矢量和右矢量时，内积可以定义成其分量的形式：

$$\langle B|A\rangle = \begin{pmatrix} \beta_1^* & \beta_2^* & \beta_3^* & \beta_4^* & \beta_5^* \end{pmatrix} \begin{pmatrix} \alpha_1 \\ \alpha_2 \\ \alpha_3 \\ \alpha_4 \\ \alpha_5 \end{pmatrix}$$
$$= \beta_1^* \alpha_1 + \beta_2^* \alpha_2 + \beta_3^* \alpha_3 + \beta_4^* \alpha_4 + \beta_5^* \alpha_5 \qquad (1-2)$$

本质上，内积的运算规则和点积是一样的，计算内积就是将两个矢量对应分量乘积求和。

Quantum
Mechanics

量子力学练习

练习 1-2： 证明公式 1-2 定义的内积满足所有关于内积的公理。

使用内积，我们可以定义一些 3-矢量中熟知的概念。

- **归一化矢量（normalized vectors）**：一个与自身内积的结果等于 1 的矢量被称为归一化矢量。归一化矢量满足

$$\langle A | A \rangle = 1$$

  对于通常的 3-矢量，归一化矢量常常也被叫作单位矢量，因为其长度是单位 1。

- **正交矢量（orthogonal vectors）**：如果两个矢量的内积为 0，则称为两者正交。即

$$\langle B | A \rangle = 0$$

类比于 3-矢量的情况，正交就是点积为零。

正交基底

回到通常的 3-矢量的情况，引入 3 个互相正交的单位矢量是非常有用的，它们可作为构造任意矢量的基底。举一个简单的例子：分别指向 x、y、z 轴方向的 3 个矢量，我们通常把它们叫作 $\hat{i}$、$\hat{j}$ 和 $\hat{k}$，它们的长度都是 1，而且是彼此正交的。如果你想要找到与它们垂直的第 4 个矢量，那将是徒劳的，这在三维空间中是不可能的。但在更高维度的空

间中，就会有更多的基底矢量。空间的维度可以用最大的相互正交矢量的数目来定义。

很明显，x、y、z 轴并没有什么特殊之处，只要基底矢量具有单位长度并且相互正交，它们就构成正交基底。

同样的原则也可以用在复数空间中。你可以从任意的一个归一化矢量开始寻找下一个与它正交的矢量，如果真的找到了，说明空间至少是二维的，然后找第 3 个、第 4 个等。最后你会用光所有新的方向，也就没有了任何新的可以正交的选择。这个最大的相互正交的矢量的数目就是空间的维度。对于列矢量来说，维度等于这一列中数字的个数。

让我们考虑一个 N 维的空间，其中定义好了一组右矢量正交基底，记为 $|i\rangle$，其中 i 取值从 1 到 N①。那么对于一个右矢量 $|A\rangle$，就能写成：

$$|A\rangle = \sum_i \alpha_i |i\rangle \qquad (1-3)$$

① 数学上基底并不需要是正交的，但是在量子力学中一般都是正交的，本书中的基底指的都是正交基底。

这里 α_i 是复数，被称为矢量的分量，我们可以使用左矢量 $\langle j|$ 对上式两边同时取内积来计算这些分量：

$$\langle j|A\rangle = \sum_i \alpha_i \langle j|i\rangle \qquad (1\text{-}4)$$

因为基底相互正交，所以只要 i 不等于 j 时，$\langle j|i\rangle = 0$，而 i 等于 j 时，$\langle j|i\rangle = 1$。换言之，$\langle j|i\rangle = \delta_{ij}$。这样一来，公式 1-4 中的求和就只剩下一项：

$$\langle j|A\rangle = \alpha_j \qquad (1\text{-}5)$$

从这里我们能够看出一个矢量的分量正是它与基底的内积。公式 1-3 就可以表达成更加优雅的形式：

$$|A\rangle = \sum_i |i\rangle\langle i|A\rangle$$

Quantum Mechanics

第 2 讲

量子态

Lecture 2
Quantum States

Quantum
Mechanics

阿特：真是怪了，喝了这啤酒，我的脑子竟然不晕（spinning）①了。我们现在处于什么态？

莱尼：我也不知道，这重要吗？

阿特：可能重要吧，我想我们肯定不在加州了。

——————————

① 原文为 spinning，同时也是量子自旋的意思。——译者注

态与矢量

在经典力学中，只要知道了系统的态就意味着可以预测出未来的一切。但就像第 1 讲所说的，量子系统是无法完全预测的。显然量子态和经典态有着不同的含义。说得宽泛一些，知道了一个量子态只不过意味着在系统制备这一点上知道了你可以知道的全部。在第 1 讲中，我们介绍了如何使用仪器来制备一个自旋态。实际上我们隐含地假设了自旋态在自旋系统中将不会展开，或者说也没法展开更多的细节了。

人们不禁要问，这种不可预测的性质是不是由我们使用的量子态的不完备造成的。关于这一点有多种说法，我们列举两个：

● 是的，通常关于量子态的概念是不完备的，还存在"隐变量"，只要我们能够知道它，就可以完整地预测量子系统。这一观点有两个版本：一个版本认为隐变量虽然很难测量，但是原则上它们是可以被实验探知的；另一个版本认为隐变量是完全不可测量的，因为组成我们的物质是由量子力学支配的，自然我们也要受到量子力学的支配。

● 不是的，隐变量的概念不会把我们带到一个有益的方向上，量子力学的不可预测性是无法避免的。量子力学最多只能完备到对概率的计算，物理学家的工作就是学习，并应用这些计算。

我不知道这个问题的最终答案是什么，甚至不知道它算不算一个有意义的问题。我们的目标毕竟不是弄清楚哪个物理学家相信哪种量子态的终极含义，所以我们采取第二种更实用的观点。

那么从实用主义的视角看，第 1 讲中的量子自旋又意味着什么呢？当把仪器 $\mathcal{A}$ 作用在系统上并告诉我们 $\sigma_z=+1$ 或者 $\sigma_z=-1$ 时，我们所知道的，或者能知道的就这么多了。同样，如果我们转动 $\mathcal{A}$ 然后测出 $\sigma_x=+1$ 或者 $\sigma_x=-1$，这也是我们所知道的全部，对于 σ_y 也是同样的。

自旋态的表示

现在是时候尝试使用态矢量来表示一个自旋系统了，我们的目标是定义一种可以囊括所有已知自旋行为的表示方法。现阶段，我们更偏重直觉，而非正式的定义。我们将尽力把以前学过的东西组合起来。这一部分要仔细阅读，你一定会有所收获。

一方面，让我们沿着不同方向的自旋态的标记开始，如果仪器 $\mathcal{A}$ 指向 z 轴方向，则可能制备出两个态，分别为 $\sigma_z = \pm 1$。我们叫它们"向上"（up）和"向下"（down），用右矢量将其记作 $|u\rangle$ 和 $|d\rangle$。所以当沿着 z 轴放置的仪器上显示 +1 时，说明 $|u\rangle$ 态已经制备好了。

另一方面，如果指向 x 轴方向的仪器显示 -1 时，表示 $|l\rangle$ 态已经制备好了，我们把它叫作"向左"（left）。如果仪器 $\mathcal{A}$ 指向 y 轴方向，那就可以制备 $|i\rangle$ 和 $|o\rangle$ 态（in 和 out）。好懂吧？

在没有隐变量的情况下，存在一个非常简单的数学表示，也就是单自旋的态空间只有两个维度。值得强调的是，所有可能的自旋态都可以表示在一个二维的矢量空间中。

尽管有点任意 [1]，我们可以选 $|u\rangle$ 和 $|d\rangle$ 作为两个基底矢量，从而任何一个态都能写成这两个基底的线性叠加。如果用符号 $|A\rangle$ 代表一个一般的态，那么我们可以得到下面这个公式：

$$|A\rangle = \alpha_u |u\rangle + \alpha_d |d\rangle$$

其中的 α_u 和 α_d 分别是 $|A\rangle$ 沿着基底 $|u\rangle$ 和 $|d\rangle$ 方向的分量。数学上，我们能得到 $|A\rangle$ 的两个分量：

$$\alpha_u = \langle u|A \rangle$$
$$\alpha_d = \langle d|A \rangle \qquad (2\text{-}1)$$

这些方程过于抽象，所以不容易看出它们的物理意义。现在我来告诉你它们意味着什么。首先 $|A\rangle$ 代表任意的一个自旋态，它可以使用任意的方法制备出来。分量 α_u 和 α_d 是复数，虽然分量本身是没有实验意义的，但是它们的模（magnitude）[2] 是有实验意义的。具体来说， $\alpha_u^* \alpha_u$ 和 $\alpha_d^* \alpha_d$ 有如下的意义：

---

[1] 这个选择并不是完全任意的，基底矢量之间必须彼此正交。

[2] 复数的模是实数，可以理解为复数在复平面上的长度，模方是模的平方。——译者注

● 假定自旋被制备到 $|A\rangle$ 态并且仪器已经指向 z 轴方向，则 $\alpha_u^*\alpha_u$ 的数值就是测量到 $\sigma_z=+1$ 的概率，换句话说就是沿着 z 轴方向测量得到自旋向上的概率。

● 同样，$\alpha_d^*\alpha_d$ 是测量到 σ_z 向下的概率。

而数值 α，或者等价的 $\langle u|A\rangle$ 和 $\langle d|A\rangle$，被称作概率幅（probability amplitude），它们本身并不是概率。为了得到概率，它们的模需要再求平方。也就是说，测量到自旋向上和向下的概率为：

$$P_u = \langle A|u\rangle\langle u|A\rangle$$
$$P_d = \langle A|d\rangle\langle d|A\rangle \qquad (2\text{-}2)$$

注意：在测量之前，我并没有说过 σ_z 是多少。测量之前，我们只知道矢量 $|A\rangle$，它只是代表了潜在的概率，而不是测量出的真实数值。

还有另外两个比较重要的问题。第一个重要的问题是，$|u\rangle$ 和 $|d\rangle$ 是相互正交的，因此：

$$\langle u|d\rangle = 0$$
$$\langle d|u\rangle = 0 \qquad (2\text{-}3)$$

其物理意义是，如果自旋被制备到向上的话，那么观测到它向下的概率为 0，反之亦然。这一点非常重要，我再重申一下。两个正交的态在物理上是不同的，并且是相互排斥的。如果自旋处于其中一个态，它就不可能（零概率）处于另一个态。这种规律不只适用于自旋，它在所有量子系统中都成立。

但不要把正交态矢量和空间中的正交方向混淆起来。实际上，向上和向下在真实空间中当然不是正交的，尽管它们在态空间中是正交矢量。

第二个重要的问题是，各种可能性的概率之和必须等于 1，因此：

$$\alpha_u^*\alpha_u + \alpha_d^*\alpha_d = 1 \tag{2-4}$$

这相当于说矢量 $|A\rangle$ 是个归一化矢量，因此：

$$\langle A|A\rangle = 1$$

这是量子力学中具有普遍性的原理，它适用于所有量子系统，即一个系统的态用态矢量空间中的一个单位（归一化）矢量来表示，而且这个态矢量指向基底方向分量的模的平方则代表相应实验结果的概率。

指向 x 轴方向

前面我们说过，我们能够把任意一个自旋态表示成基底 $|u\rangle$ 和 $|d\rangle$ 的线性组合。现在我们尝试对矢量 $|r\rangle$ 和 $|l\rangle$ 做类似的处理，它们代表的是 x 轴的方向。先从 $|r\rangle$ 开始。在第 1 讲的内容中，如果装置 $\mathcal{A}$ 初始制备出了一个态 $|r\rangle$，然后旋转去测量 σ_z，测量结果一定是"向上"和"向下"的概率相等。所以 $\alpha_u^* \alpha_u$ 和 $\alpha_d^* \alpha_d$ 都要等于 1/2，满足这一点的矢量如下：

$$|r\rangle = \frac{1}{\sqrt{2}}|u\rangle + \frac{1}{\sqrt{2}}|d\rangle \qquad (2\text{-}5)$$

粗看起来，这样的选择有点任意，但后面我们能够看到，其中的任意性不会超过对 x 轴和 y 轴方向选择的任意性。

接着我们来看看矢量 $|l\rangle$。我们知道，当自旋被制备到向左时，测量结果显示，σ_z 向上和向下的概率依然是各为 1/2。但这样还不够，还要有额外的条件来决定 $\alpha_u^* \alpha_u$ 和 $\alpha_d^* \alpha_d$

的数值。前面我讲过为什么说 $|u\rangle$ 和 $|d\rangle$ 是正交的，因为当自旋向上时，它绝对不会同时向下。而所谓向上和向下这个方向并没有什么特殊的，向左和向右也是如此。具体来说，如果自旋是向右的，那么测量到它向左的概率为 0。用公式 2-3 类推可以得到：

$$\langle r|l\rangle = 0$$
$$\langle l|r\rangle = 0$$

如此就能确定 $|l\rangle$ 的形式为：

$$|l\rangle = \frac{1}{\sqrt{2}}|u\rangle - \frac{1}{\sqrt{2}}|d\rangle \qquad (2\text{-}6)$$

量子力学练习

练习 2-1：证明公式 2-5 中矢量 $|r\rangle$ 与式 2-6 中的 $|l\rangle$ 正交。

我们对 $|l\rangle$ 的选择依然存不确定性，这叫作相位任意性（phase ambiguity）。假设在 $|l\rangle$ 上乘以一个任意的复数 z，这不会影响到它和 $|r\rangle$ 的正交关系，但一般来说将破坏归一性（也就是模的长度为 1）。但如果选择 $z = e^{i\theta}$（其中 θ 是任意实数），归一化就不会受到影响了，因为 $e^{i\theta}$ 本身具有单位长度，那么 $\alpha_u^* \alpha_u + \alpha_d^* \alpha_d$ 依然等于 1。由此，具有 $z = e^{i\theta}$ 形式的复数被称为相因子，这种不确定性就叫作相位任意性。后面我们会发现，所有可以测量的物理量对全局的相因子都不敏感，所以我们在描述一个态的时候往往会忽略相因子。

指向 y 轴方向

接下来，我们来看 $|i\rangle$ 和 $|o\rangle$，这个矢量代表自旋指向 y 轴方向，它需要满足如下条件：

$$\langle i|o \rangle = 0 \qquad (2\text{-}7)$$

这一条件说明入态（in）和出态（out）是正交矢量，就像上态和下态一样。在物理上这意味着如果自旋是入态，它就绝不会是出态。

对于矢量 $|i\rangle$ 和 $|o\rangle$ 还有其他的限制，使用公式 2-1 和公式 2-2 表达的关系，以及我们实验的统计结果，可以写作：

$$\langle o|u\rangle\langle u|o\rangle = \frac{1}{2}$$

$$\langle o|d\rangle\langle d|o\rangle = \frac{1}{2}$$

$$\langle i|u\rangle\langle u|i\rangle = \frac{1}{2}$$

$$\langle i|d\rangle\langle d|i\rangle = \frac{1}{2} \qquad (2\text{-}8)$$

在前两个式子中，$|o\rangle$ 取代了公式 2-1 和公式 2-2 中 $|A\rangle$ 的位置。在后两个式子中，则用 $|i\rangle$ 取代。这些条件说明，如果自旋指向 y 轴方向的话，指向 z 轴方向的测量会得出相等的向上或者向下的概率。同样，如果指向 x 轴方向去测量的话，得到向右或者向左的概率相同。这还要求：

$$\langle o|r\rangle\langle r|o\rangle = \frac{1}{2}$$

$$\langle o|l\rangle\langle l|o\rangle = \frac{1}{2}$$

$$\langle i|r\rangle\langle r|i\rangle = \frac{1}{2}$$

$$\langle i|l\rangle\langle l|i\rangle = \frac{1}{2} \qquad (2\text{-}9)$$

现在这些条件足够决定矢量$|i\rangle$和$|o\rangle$的形式了,不考虑相位任意性,结果如下:

$$|i\rangle = \frac{1}{\sqrt{2}}|u\rangle + \frac{i}{\sqrt{2}}|d\rangle$$

$$|o\rangle = \frac{1}{\sqrt{2}}|u\rangle - \frac{i}{\sqrt{2}}|d\rangle \qquad (2\text{-}10)$$

Quantum
Mechanics

量子力学练习

练习 2-2: 证明$|i\rangle$和$|o\rangle$满足公式 2-7 至公式 2-9 中的所有条件,以及它们是不是唯一的。

有趣的是,公式 2-10 中有两个分量是虚的。当然,我们所有的讨论一直都是在复数空间中进行的,但直到现在我们才真正在计算时用上了复数。公式 2-10 中的复数只是约定的还是必须的呢?给定自旋态的框架,复数就是必须的。证明过程有点乏味,但每一步都很直接,后边的练习题会给出一个大致步骤。使用复数是量子力学中普遍的特征,之后

的内容中还会有更多的例子。

量子力学练习

练习 2-3： 暂时忘掉公式 2-10 中给出的 $|i\rangle$ 和 $|o\rangle$ 是如何用 $|u\rangle$ 和 $|d\rangle$ 表示的，假设分量 α、β、γ 和 δ 都是未知的，则下式成立：

$$|i\rangle = \alpha|u\rangle + \beta|d\rangle$$
$$|o\rangle = \gamma|u\rangle + \delta|d\rangle$$

a）使用公式 2-8 验证

$$\alpha^*\alpha = \beta^*\beta = \gamma^*\gamma = \delta^*\delta = \frac{1}{2}。$$

b）使用上面的结果和公式 2-9 验证

$$\alpha^*\beta + \alpha\beta^* = \gamma^*\delta + \gamma\delta^* = 0。$$

c）证明 $\alpha^*\beta$ 与 $\gamma^*\delta$ 一定是纯虚数。如果 $\alpha^*\beta$ 是纯虚数，则 α 和 β 不能都是实数，$\gamma^*\delta$ 同理。

参数的数目

了解一个系统需要多少个独立参量来描述是非常重要的，比如在《理论最小值：经典力学》中我们使用的广义坐标（标记为 q_i），代表了系统有多少个自由度。写出描述系统约束的方程通常并不容易，但这样的做法帮助我们摆脱了困境。沿着这一思路，我们下一个目标就是数出自旋系统中有多少个物理上独立的态。我将使用两种方法来揭示，其实两种方法得出的答案是一样的。

第一种方法很简单，把装置沿着任意的单位 3-矢量[①] $\hat{n}$ 放置，也就是指向这个方向制备了一个 $\sigma = +1$ 的自旋系统。如果 $\sigma = -1$，你可以想象自旋是指向 $-\hat{n}$ 方向的。所以对应于每一个单位 3-矢量 $\hat{n}$，都存在一个态。那么描述这样一个系统需要多少个参数呢？答案显然是两个。三维空间中定义一个方向只需要两个角度参数[②]。

现在让我们从另一个角度，也就是用第二种方法来思考这个问题。一般来说，自旋态使用两个复数 α_u 和 α_d 来定义，

---

① 记住，3-矢量不是左矢量或者右矢量。
② 在球坐标系中，使用两个角度来代表从原点指向某个点的方向。另外一个例子就是地图上的经度和纬度。

每个复参数里有两个实数，所以看起来有 4 个实参数。但要知道矢量必须是归一化的，就像公式 2-4 那样。归一化的条件又给了我们一个关于实参数的方程，这样一来，参数的个数就减少到了 3 个。

前文提到，我们最终看到的态矢量的物理性质是不依赖于全局相因子的。这意味着 3 个参数中还有一个是多余的，这就只剩下两个，也就是三维空间标记方向所需要的参数的个数。这样一来，所有的自由度都可以包含在如下表达式中：

$$\alpha_u \left| u \right\rangle + \alpha_d \left| d \right\rangle$$

它能描述所有可能的自旋方向，虽然对任意方向，可能得出的测量结果都只有两个。

用列矢量表示自旋态

到目前为止，我们已经学习了很多态矢量的抽象形式，比如 $\left| u \right\rangle$ 和 $\left| d \right\rangle$ 等。这样的形式有助于我们只需关注数学关系而无须担心不必要的细节。但很快我们需要进入自旋系统

的计算细节，这需要把态矢量写成列矢量的形式。因为存在相位无关性（phase indifference），列矢量的表示并不唯一。我们将选择所能找到的最简单和最方便的形式。

　　照例，还是从 $|u\rangle$ 和 $|d\rangle$ 开始。我们需要这个形式保持单位长度，并且相互正交。能够满足这一要求的列矢量如下：

$$|u\rangle = \begin{pmatrix} 1 \\ 0 \end{pmatrix} \qquad （2\text{-}11）$$

$$|d\rangle = \begin{pmatrix} 0 \\ 1 \end{pmatrix} \qquad （2\text{-}12）$$

从这一组列矢量出发，我们可以很容易地使用公式 2-5 和 2-6 生成 $|r\rangle$ 和 $|l\rangle$ 的列矢量，对 $|i\rangle$ 和 $|o\rangle$ 则使用公式 2-10。这些结果将在第 3 讲中用到，届时我们会具体展开讲解。

整合以上所有的内容

　　这一讲已经包罗了很多内容，在继续推进之前，让我们盘点一下已经做过的事情。我们的目标是把自旋和矢量空间结合起来。我们清楚了如何用矢量来代表自旋态，而且在这一过程中得以窥见态矢量所包含的信息（以及没有包含的信息）。下面简要地罗列了我们所做的工作：

- 基于自旋测量的知识，我们选择了 3 对相互正交的基底，它们分别被命名为 $|u\rangle$ 和 $|d\rangle$、$|r\rangle$ 和 $|l\rangle$，$|i\rangle$ 和 $|o\rangle$。因为基底矢量 $|u\rangle$ 和 $|d\rangle$ 代表着物理上不同的态，所以我们可以断定它们彼此之间是正交的。换言之，$\langle u|d\rangle = 0$。这对 $|r\rangle$ 和 $|l\rangle$ 以及 $|i\rangle$ 和 $|o\rangle$ 也都成立。

- 我们要使用两个独立的参数去定义自旋态，然后任意选择一对正交矢量作为基底，比如 $|u\rangle$ 和 $|d\rangle$，从而将所有自旋态都表示出来，虽然描述态矢量的两个复数需要有 4 个实数，我们依然选择全部表示出来。该如何处理呢？我们相当聪明，发现这 4 个实数并不完全独立[①]。归一化的限制（总概率为 1）消除了一个独立的参数，相位无关性（态矢量的物理特性不会受到全局相因子的影响）又消除了一个。

- 选定 $|u\rangle$ 和 $|d\rangle$ 作为主要的基底，在额外的正交和概率基础的限制下，我们解决了另外两对基底如何用 $|u\rangle$ 和 $|d\rangle$ 的线性组合来表示的问题。

---

① 此处可以自我陶醉一下。

● 我们确认了使用列矢量来代表主要基底的方法，这种
表示并不唯一。在第 3 讲中，我们将使用 $|u\rangle$ 和 $|d\rangle$
的列矢量去推导另外两个基底的列矢量。

在得到这些具体结果的过程中，我们也顺便练习了态矢
量的数学，并学到了这些数学对象是如何对应到物理自旋上
的。尽管我们关注的是自旋，但其实同样的概念和技术也能
应用到其他量子系统中去。在进入第 3 讲之前，请花一些时
间去消化到目前为止的内容。正如我在本讲开始时说的，你
真的会有所收获。

Quantum Mechanics

第 3 讲

量子力学基本原理

Lecture 3
Principles of Quantum Mechanics

Quantum
Mechanics

　　阿特：我不像你，莱尼。我的脑子可不是为了量子力学而生的。

　　莱尼：我的也不是啊，我也做不到图像化。但是你知道吗？我认识一个家伙，他想问题时就像是一个电子。

　　阿特：他怎么了？

　　莱尼：阿特，我只能说那可真不是什么好事。

　　阿特：噢，他总不会基因都"分裂"了吧。

人类从来就不是一种能够感知到量子现象的生物。我们只能对经典物理学范畴的概念产生直觉，比如温度、受力等。但我们是一种有很强适应能力的生物，使用抽象的数学，可以弥补我们对于量子力学图像上的感官缺失，并最终发展出新的直觉。

这一讲将要介绍量子力学的基本原理。为了讲清楚，还需要一些新的数学工具，让我们开始吧。

数学补充: 线性算符

机器与矩阵

数学上使用矢量空间中的一个矢量来描述量子力学中的

一个态。物理上可观测的力学量（observable）[1]，也就是能测量的东西，则用线性算符来描述。我们把这作为一个公理，并且在后文中会发现，这些算符不仅是线性的，还得是厄米的（Hermitian）。算符与力学量的对应并不那么明显，要想理解这一点需要花点力气。

　　力学量对应的是你的测量。例如，我们能够直接测量的有粒子的位置坐标、能量、动量，或者一个系统的角动量、空间中某一点处的电场等。力学量虽然也与矢量空间有联系，但它们本身并不是态矢量，它们是你所测量的东西（比如 σ_x），并使用线性算符来表示。约翰·惠勒（John Wheeler）喜欢将这样的数学对象称作一个机器。他设想的这种机器有两个端口，一个用于输入，一个用于输出。在输入端，你塞进一个矢量，比如 $|A\rangle$，经过内部的齿轮运转，最后在输出端吐出一个结果来，这个结果也是一个矢量，可以称作 $|B\rangle$。

---

[1] 在量子力学中，observable 是一个核心概念，在中文中也可直译为"可观测量"。目前国内大部分作品中使用的是"力学量"这种译法，当然也有译为"观察量"和"物理量"的。不同命名法都有各自的优点与侧重点。本书选择使用"力学量"这一译法，后文出现的"力学量"都是指 observable，请读者不要忘记这一概念隐含"可观测"的意思。——译者注

我们用大写字母 M（代表 machine）来标记。下面这个公式的含义是，M 作用在 $|A\rangle$ 上，得到了 $|B\rangle$：

$$M|A\rangle = |B\rangle$$

并非所有机器都是线性算符，线性意味着满足一些简单的性质。首先，对于空间中的每一个矢量，线性算符作用之后只能给出唯一的输出。不难想象，一架机器，如果作用在一部分矢量时能给出输出结果，而对于另外一些矢量，则将其碾为齑粉，最终什么也得不到，这样的机器就不是线性算符。无论输入的是什么，线性算符都必须给出个结果来。

其次，当一个线性算符 M 作用在增加了数倍的输入矢量上时，输出的矢量也要乘以相同的倍数。也就是对于任意的复数 z，给定 $M|A\rangle = |B\rangle$，则下式成立：

$$Mz|A\rangle = z|B\rangle$$

最后，当 M 作用在多个矢量的和上时，其结果相当于分别作用在各个矢量上的结果之和：

$$M\{|A\rangle + |B\rangle\} = M|A\rangle + M|B\rangle$$

为了给出线性算符的一个具体的表示，我们回到第 1 讲，使用行矢量和列矢量来表示左矢量和右矢量。行列的记法取决于基底的选择。如果矢量空间是 N 维的，我们选择一组 N 个正交的（并且归一的）右矢量。让我们标记为 $|j\rangle$，它们的对偶左矢量为 $\langle j|$。

现在我们把方程

$$M|A\rangle = |B\rangle$$

写成它的分量形式。就像我们在公式 1-3 中那样，任意右矢量 $|A\rangle$ 可以表示成一系列基底之和：

$$|A\rangle = \sum_j \alpha_j |j\rangle$$

这里我们使用 j 而不是 i，是为了避免它被误认为入态（in）的缩写。同样，我们也把 $|B\rangle$ 展开，然后插入并替换掉 $M|A\rangle = |B\rangle$ 中的 $|A\rangle$ 和 $|B\rangle$，得到：

$$\sum_j M|j\rangle\alpha_j = \sum_j \beta_j|j\rangle$$

接下来，我们在等号的两边同时用基底 $\langle k|$ 来求内积，结果是：

$$\sum_j \langle k|M|j\rangle \alpha_j = \sum_j \beta_j \langle k|j\rangle \qquad (3\text{-}1)$$

为了看出这个结果的意义，回忆一下，$\langle k|j\rangle$ 这一项在 j 与 k 不相等时为 0，相等时为 1，也就是说等号右边的部分只留下了一项 β_k。

我们看到，等号左边是一系列的 $\langle k|M|j\rangle \alpha_j$ 项。我们把 $\langle k|M|j\rangle$ 缩写成符号 m_{kj}，值得注意的是，每一个 m_{kj} 都是一个复数。为了理解这一点，我们可以这样想，M 把 $|j\rangle$ 操作成一个新的右矢量，而这个新矢量与 $\langle k|$ 的内积一定是个复数。m_{kj} 被称为 M 的矩阵元，它们经常被排列成一个 $N \times N$ 的方阵。举个例子，如果 $N=3$，我们能写出这个符号化的矩阵：

$$M = \begin{pmatrix} m_{11} & m_{12} & m_{13} \\ m_{21} & m_{22} & m_{23} \\ m_{31} & m_{32} & m_{33} \end{pmatrix} \qquad (3\text{-}2)$$

这个等式里的符号标记实际上有点问题，对符号使用有

"洁癖"的人可能会感到不舒服。等号左边是个抽象的线性算符，而等号右边则是在某套基底下的具体表示，让它们就这样相等似乎有点随意，但这并不会导致混淆。

现在让我们重新看看公式 3-1，并用 m_{kj} 替换 $\langle k|M|j\rangle$，得到：

$$\sum_j m_{kj}\alpha_j = \beta_k \qquad (3\text{-}3)$$

它也可以写成矩阵的形式，则式 3-3 变成：

$$\begin{pmatrix} m_{11} & m_{12} & m_{13} \\ m_{21} & m_{22} & m_{23} \\ m_{31} & m_{32} & m_{33} \end{pmatrix}\begin{pmatrix} \alpha_1 \\ \alpha_2 \\ \alpha_3 \end{pmatrix} = \begin{pmatrix} \beta_1 \\ \beta_2 \\ \beta_3 \end{pmatrix} \qquad (3\text{-}4)$$

你可能很熟悉矩阵乘法的规则，以防万一，我们这里再重复一下。当要求解右边第一个项 β_1 时，需要使用矩阵中的第一行去"点乘" α 列：

$$\beta_1 = m_{11}\alpha_1 + m_{12}\alpha_2 + m_{13}\alpha_3$$

计算第二项需要用矩阵中的第二行点乘 α 列：

$$\beta_2 = m_{21}\,\alpha_1 + m_{22}\,\alpha_2 + m_{23}\,\alpha_3$$

依此类推。如果你不熟悉矩阵乘法，需要自己去查阅相关资料进行学习。它是我们最为重要的工具，从现在开始，我们就默认你已经弄懂它了。

使用行和列来代表矢量，以及用矩阵（想成一些分量的集合）来代表算符的做法既有优势也有缺点。优势很明显，就是它完全体现出了算符这架机器所做的无非就是一组代数计算。缺点是它要依赖于选择了哪一组特定的基底矢量，而矢量和算符之间的关系不应该依赖于我们对基底的选择，但这套具体的表示方法体现不出这一点。

本征值和本征矢量

一般来说，当一个线性算符作用在一个矢量上时，都将改变矢量的方向，这意味着，机器的输出量将不只是输入量乘以一个数而已。但具体到某个特定的线性算子时，会存在一些特殊的矢量，它们在算子作用后的方向，与作用前的方向一致，这样的矢量叫作本征矢量。算符 M 的本征矢量 $|\lambda\rangle$ 的定义如下：

$$M|\lambda\rangle = \lambda|\lambda\rangle \qquad (3\text{-}5)$$

其中 λ 的双重使用确实有点混乱。首先，与 $|\lambda\rangle$ 相对应的 λ 是一个数，通常还是复数，但那也还是个数。而且，$|\lambda\rangle$ 是个右矢量，不仅如此，它还与 M 有着非常特殊的关系。当把 $|\lambda\rangle$ 塞入机器 M 时，得到的结果只是将它乘以一个 λ。举个例子，假设 M 是个 2×2 的矩阵：

$$\begin{pmatrix} 1 & 2 \\ 2 & 1 \end{pmatrix}$$

那么不难看出，将它作用在如下矢量上之后，得到的结果是这个矢量乘了个常数 3：

$$\begin{pmatrix} 1 \\ 1 \end{pmatrix}$$

动手试一试。类似地，M 还有其他的本征矢量：

$$\begin{pmatrix} 1 \\ -1 \end{pmatrix}$$

当 M 作用在这个本征矢量上时，等于在矢量前乘以另外一个数，即 -1。但当 M 作用在如下矢量上时，结果不等于这个矢量简单乘以某个数：

$$\begin{pmatrix} 1 \\ 0 \end{pmatrix}$$

M 不仅改变了矢量的大小，还改变了矢量的方向。

只有当 M 作用在一个矢量上的结果等于这个矢量乘以某个常数时，这个矢量才叫作 M 的本征矢量，而那个常数叫作本征值。一般来说，本征值是个复数，下面这个例子你自己应该也能解得出来。算符矩阵是：

$$M = \begin{pmatrix} 0 & -1 \\ 1 & 0 \end{pmatrix}$$

验证它的本征矢量是：

$$\begin{pmatrix} 1 \\ i \end{pmatrix}$$

对应的本征值是 $-i$。

线性算符也可以作用在左矢量上，M 乘以 $\langle B|$ 的记号为：

$$\langle B|M$$

我们简要地讨论一下这种类型乘法的规则，即使用分量的形式是最简单的。我们说过，左矢量要表示成一个行矢量，比如，$\langle B|$ 可以写作：

$$\langle B| = \begin{pmatrix} \beta_1^* & \beta_2^* & \beta_3^* \end{pmatrix}$$

该公式不过是运算规则再次回到矩阵乘法而已，可以不太严谨地记作：

$$\langle B|M = \begin{pmatrix} \beta_1^* & \beta_2^* & \beta_3^* \end{pmatrix} \begin{pmatrix} m_{11} & m_{12} & m_{13} \\ m_{21} & m_{22} & m_{23} \\ m_{31} & m_{32} & m_{33} \end{pmatrix} \quad (3\text{-}6)$$

厄米共轭

你可能会认为，如果 $M|A\rangle = |B\rangle$，那么 $\langle A|M = \langle B|$，但这么想的话你就错了。问题出在复共轭上。就算是复数 Z，一般来说也不能从 $Z|A\rangle = |B\rangle$ 推出 $\langle A|Z = \langle B|$ 来。当从

右矢量换成左矢量时，你一定要取复共轭：$\langle A|Z^* = \langle B|$。
当然，如果 Z 恰好是个纯实数，那么取不取复共轭都没有
任何效果，因为所有实数的复共轭就是它本身。

现在你需要一个如何对算符取复共轭的概念了。让我们
看看 $M|A\rangle = |B\rangle$ 的分量形式：

$$\sum_i m_{ji}\alpha_i = \beta_j$$

以及它的复共轭：

$$\sum_i m_{ji}^*\alpha_i^* = \beta_j^*$$

我们更喜欢把这个式子写成矩阵的形式，使用左矢量来
代替右矢量。在这一过程中，我们必须记住左矢量是使用行
矢量来表示的，而不是列矢量。为了得到正确的结果，我们
需要重新安排矩阵里的复共轭元素。重新排列的符号是 $M^\dagger$，
这样我们新的等式是

$$\langle A|M^\dagger = \begin{pmatrix} \alpha_1^* & \alpha_2^* & \alpha_3^* \end{pmatrix}\begin{pmatrix} m_{11}^* & m_{21}^* & m_{31}^* \\ m_{12}^* & m_{22}^* & m_{32}^* \\ m_{13}^* & m_{23}^* & m_{33}^* \end{pmatrix} \quad (3\text{-}7)$$

注意，请仔细观察这个式子中的矩阵和式 3-6 中的差别。你会发现两处不同，最明显的地方是每个元素都取了复共轭，此外，矩阵元的角标是不同的。比如，原来公式 3-6 中 m_{23} 的位置上在公式 3-7 中变成了 m_{32}^*。也就是说，行与列对换了。所以当我们把右矢量换成左矢量的时候，必须也要对矩阵做如下的两步修改：

1. 交换行与列。

2. 每个元素取复共轭。

在矩阵代数中，行列对换被称为转置，使用上标 T 来表示，即矩阵 M 的转置为：

$$\begin{pmatrix} m_{11} & m_{12} & m_{13} \\ m_{21} & m_{22} & m_{23} \\ m_{31} & m_{32} & m_{33} \end{pmatrix}^T = \begin{pmatrix} m_{11} & m_{21} & m_{31} \\ m_{12} & m_{22} & m_{32} \\ m_{13} & m_{23} & m_{33} \end{pmatrix}$$

转置一个矩阵就是沿着主对角线（从左上角到右下角）上下翻转。

一个转置矩阵的复共轭叫作它的厄米共轭（Hermitian conjugation），使用匕首符号（†）表示。你可以认为匕首

符号是代表复共轭的上标星号和转置的上标 T 的结合物，即

$$M^{\dagger} = \left[M^{\mathrm{T}} \right]^{*}$$

小结：如果 M 作用在右矢量 $|A\rangle$ 上时得到 $|B\rangle$，则意味着 $M^{\dagger}$ 作用在左矢量 $\langle A|$ 上能得到 $\langle B|$。用符号标记如下：

假如

$$M|A\rangle = |B\rangle$$

则

$$\langle A|M^{\dagger} = \langle B|$$

厄米算符

实数在物理学中非常重要，任何物理测量的结果都是实数。有的时候我们也会把测量到的两个量放在一起，添上一个 i（造出一个复数），也把这个数称为测量的结果。但实际上，这不过就是两个实数的结合而已。如果我们想卖弄一

下的话可以这么说："力学量等于它们自己的复共轭。"当然这仅仅是换了个说法表达它们是实数。我们很快就会发现量子力学中的力学量要使用一个线性算符来代表，要用哪一种线性算符呢？那就要用一种最接近实数算符的算符。实际上，用来表示量子力学中力学量所使用的线性算符，要求它的厄米共轭等于它本身。厄米算符的称谓是为了纪念法国数学家查尔斯·厄米特（Charles Hermite）。厄米算符具有的性质是：

$$M = M^{\dagger}$$

用矩阵元素表示的话就是：

$$m_{ji} = m_{ij}^{*}$$

换句话说，如果以对角线方向为轴，对换厄米矩阵中的相应元素，然后再取所有元素的复共轭，结果得到的矩阵正好等于它自己原来的那个矩阵。厄米算符（也包含厄米矩阵）具有一些特殊的性质。首先，它们的本征值都是实数，下面我们来证明这一点。

假设分别使用 λ 和 $|\lambda\rangle$ 来代表某个厄米算符 L 的本征值

及相应的本征矢量，用符号表示就是：

$$L|\lambda\rangle = \lambda|\lambda\rangle$$

根据厄米共轭的定义，下式成立：

$$\langle\lambda|L^\dagger = \langle\lambda|\lambda^*$$

由于 L 是厄米的，所以它等于 $L^\dagger$，我们可以重新写一下这两个等式：

$$L|\lambda\rangle = \lambda|\lambda\rangle \qquad （3-8）$$

以及

$$\langle\lambda|L = \langle\lambda|\lambda^* \qquad （3-9）$$

将公式 3-8 乘以 $\langle\lambda|$，而将公式 3-9 乘以 $|\lambda\rangle$，等式就变成了：

$$\langle\lambda|L|\lambda\rangle = \lambda\langle\lambda|\lambda\rangle$$

以及

$$\langle\lambda|\mathbf{L}|\lambda\rangle = \lambda^*\langle\lambda|\lambda\rangle$$

很明显，由于两个等式都应该是正确的，所以必须要求 λ 与 λ^* 相等。换句话说，λ（以及所有厄米算符的本征值）必须是实数。

厄米算符与正交基底

我们现在来介绍一个基础的数学定理。之所以使用"基础定理"这种表述，是因为它是量子力学的基础。基本的思想是：量子力学中可观测的物理量使用厄米算符来表示。这是个非常简单的定理，却极其重要。下面我们用更加精确的语言来描述。

基础定理

● 厄米算符的本征矢量构成一个完全集。这意味着任何一个由算符生成的矢量都能展开成其本征矢量之和。

● 如果 λ_1 和 λ_2 是一个厄米算符的两个不相等的本征值，

则它们分别对应的本征矢量是相互正交的。

● 即便对于两个相等的本征值，它们对应的本征
矢量也有可能是正交的。这种两个不同本征矢量
对应相同本征值的情况有一个名称，叫作简并
（degeneracy）。当两个算符有共同的本征矢量时，
简并会很有用，第 5 讲会进行讨论。

我们可以把基本定理总结成：厄米算符的本征矢量构成
正交基底。接下来，我们从第二个定理开始证明这一点。

根据本征值和本征矢量的定义，可以写出：

$$L|\lambda_1\rangle = \lambda_1|\lambda_1\rangle$$
$$L|\lambda_2\rangle = \lambda_2|\lambda_2\rangle$$

利用 L 的厄米性（厄米共轭是其本身）这一点，我们可以
把第一个式子翻转成左矢量等式：

$$\langle\lambda_1|L = \lambda_1\langle\lambda_1|$$
$$L|\lambda_2\rangle = \lambda_2|\lambda_2\rangle$$

现在，我们得使用一点技巧，虽然这个技巧挺明显，但我还是要把它写出来。用 $|\lambda_2\rangle$ 与第一个式子做内积，然后用 $\langle\lambda_1|$ 与第二个式子做内积，结果是：

$$\langle\lambda_1|L|\lambda_2\rangle=\lambda_1\langle\lambda_1|\lambda_2\rangle$$
$$\langle\lambda_1|L|\lambda_2\rangle=\lambda_2\langle\lambda_1|\lambda_2\rangle$$

两式相减，得到：

$$(\lambda_1-\lambda_2)\langle\lambda_1|\lambda_2\rangle=0$$

所以，如果 λ_1 和 λ_2 不相等的话，内积 $\langle\lambda_1|\lambda_2\rangle$ 必须为 0。也就是说，这两个本征矢量一定是正交的。

接下来我们会证明，即使 $\lambda_1=\lambda_2$，对应的本征矢量也可以是正交的。假设：

$$L|\lambda_1\rangle=\lambda|\lambda_1\rangle$$
$$L|\lambda_2\rangle=\lambda|\lambda_2\rangle \qquad （3-10）$$

也就是说，两个不同的本征矢量有相同的本征值。很明显，两个本征矢量的线性组合还是一个本征矢量，并且本征值相同。因此我们总是有足够的自由度去找到两个彼此正交的线性组合。

让我们看看是如何做到的。考虑两个本征矢量的任意一个组合，如：

$$|A\rangle = \alpha|\lambda_1\rangle + \beta|\lambda_2\rangle$$

两边同时作用算符 L，我们得到：

$$L|A\rangle = \alpha L|\lambda_1\rangle + \beta L|\lambda_2\rangle$$
$$L|A\rangle = \alpha\lambda|\lambda_1\rangle + \beta\lambda|\lambda_2\rangle$$

最后得到：

$$L|A\rangle = \lambda\left(\alpha|\lambda_1\rangle + \beta|\lambda_2\rangle\right) = \lambda|A\rangle$$

这个等式表明 $|\lambda_1\rangle$ 和 $|\lambda_2\rangle$ 的任意组合还是 L 的本征矢量，并具有相同的本征值。根据初始的假设，这两个矢量是线性独立的，否则就不能代表两个不同的态，我们也可以认为它

们张成了具有相同本征值 λ 的本征矢量子空间 L。有一个很直接的过程，叫作格拉姆-施密特正交化过程（Gram-Schmidt Procedure）。如果一组独立的矢量集合构成一个子空间，通过该过程就能找出这个子空间的正交基底。说得更通俗一些就是，我们能够通过线性组合的方法用 $|\lambda_1\rangle$ 和 $|\lambda_2\rangle$ 构造出正交的本征矢量。我们稍后将专门介绍格拉姆-施密特正交化过程。

这个公理的最后一部分要求本征矢量是完备的，也就是 N 维的空间要有 N 个相互正交的本征矢量。这个证明很容易，这里就不过多介绍了。

量子力学练习

练习 3-1： 试证明：对于 N 维矢量空间，N 个矢量的正交基底可以通过厄米算符的本征矢量来构造。

格拉姆-施密特正交化过程

有时我们会遇到一组线性独立的本征矢量，它们并不构成一个正交的集合。这在存在简并态的系统中很常见，而简并态就是指不同的态具有相同的本征值。这时我们总可以使用线性独立的现有矢量来构造一个新的正交集，它张成的子空间与原来的相同。我们前面提过的这个方法，就是格拉姆-施密特正交化过程。图 3-1 展示了它在两个线性独立的矢量上是如何运作的。让我们从 $\vec{V}_1$ 和 $\vec{V}_2$ 开始，根据它们去构造 $\hat{v}_1$ 和 $\hat{v}_2$。

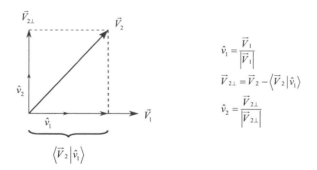

$$\hat{v}_1 = \frac{\vec{V}_1}{|\vec{V}_1|}$$

$$\vec{V}_{2\perp} = \vec{V}_2 - \langle \vec{V}_2 | \hat{v}_1 \rangle$$

$$\hat{v}_2 = \frac{\vec{V}_{2\perp}}{|\vec{V}_{2\perp}|}$$

图 3-1　格拉姆-施密特正交化过程

注：给定两个独立的矢量 $\vec{V}_1$ 和 $\vec{V}_2$，它们并不一定是正交的，我们可以构造两个正交的矢量 $\hat{v}_1$ 和 $\hat{v}_2$。$\vec{V}_{2\perp}$ 是一个中间过程。我们可以把格拉姆-施密特正交化过程应用于更大的线性独立的集合。

首先，把 $\vec{V}_1$ 除以它自己的长度 $|\vec{V}_1|$ 得到平行于 $\vec{V}_1$ 的单位矢量，我们把这个单位矢量叫作 $\hat{v}_1$，它就是我们正交集的第一个矢量。其次，将 $\vec{V}_2$ 投影到 $\hat{v}_1$ 方向上，这个投影可以通过内积得到 $\langle \vec{V}_2 | \hat{v}_1 \rangle$。再次，从 $\vec{V}_2$ 中减掉 $\langle \vec{V}_2 | \hat{v}_1 \rangle$，结果为 $\vec{V}_{2\perp}$。可以看到图 3-1 中的 $\vec{V}_{2\perp}$ 与 $\hat{v}_1$ 相互垂直。最后，用 $\vec{V}_{2\perp}$ 除以它自己的长度，得到正交集合中的第二个元素 $\hat{v}_2$。很显然，我们可以把这个过程扩展到更大的集合上去，也就是在更高的维度上的线性独立矢量。例如，假设我们还有第三个线性独立的矢量 $\vec{V}_3$，它会指向纸面之外，我们可以减去它在每个单位矢量 $\hat{v}_1$ 和 $\hat{v}_2$ 上的投影，然后再除以它自己的长度 [1]。

量子力学基本原理

至此，我们已经完全为讲解量子力学的基本原理做好了准备，闲话少说，这就开始。

在几条原理中都贯穿了力学量这一概念，此外它们还预设已经存在一个复矢量空间，其中的矢量代表系统的态。在

---

[1] 在这个例子中所说的纸面之外并不要求 $\vec{V}_3$ 与纸平面垂直。从非垂直的矢量开始做起，正是格拉姆-施密特正交化过程的一个主要特征。

这一讲中我们会讲 4 个原理，并不包含态矢量随时间演化的内容，而在第 4 讲中我们会追加量子力学的第五个原理，解决系统的态随时间演化的问题。

一个力学量也可以叫作可测量量（measurable），是指总能够用某个适当的仪器测得的物理量。前面我们讲到了自旋分量的测量，其中 σ_x、σ_y 和 σ_z 就是力学量的一些例子，我们以后还要讲到它们。先来看看基本原理：

- **原理 1**：量子力学中的力学量或者可测量量使用线性算符来表示，这里用符号 L。

  我知道这种抽象的表达有点让人绝望，甚至想放弃量子力学而去玩冲浪。别担心，在本讲结束的时候，你会搞清楚这里说的都是什么意思。我们很快就会看到，L 必须是厄米的。有些人认为这一点应该是基本假设或者基本原理，但是我选择通过其他基本原理推导出来，不过无论直接使用还是亲自推导，结果都是一样的：表示力学量的算符是厄米的。

- **原理 2**：一次测量可能得到的结果对应于该力学量算符的某个本征值。我们称这些本征值为 λ_i，而对应于这个本征值的本征矢量是 $|\lambda_i\rangle$。

还有一种说法就是，如果一个系统处于本征态$|\lambda_i\rangle$时，测量的结果就一定是λ_i。

● **原理3**：可明确区分的态之间使用相互正交的矢量表征。

● **原理4**：如果$|A\rangle$是一个系统的态矢量，并对力学量L进行过测量，得到数值λ_i的概率是

$$P(\lambda_i) = \langle A|\lambda_i\rangle\langle\lambda_i|A\rangle \qquad （3-11）$$

我要提醒一下，λ_i是L的本征值，而$|\lambda_i\rangle$是对应的本征矢量。

上面这些原理并非不证自明，我们还需要进一步解释它们。暂时让我们先接受第一条，就是每个力学量都等价于一个线性算符。现在我们渐渐地能够看清楚，一个算符就是把态连同其本征值一起打包的方式，而本征值就是测量这些态的一个可能的结果。随着讲解的深入，这一想法会越来越清晰。

让我们回忆早些时候讨论的自旋的一些要点。一般来说，单次测量的结果在统计上是不确定的。然而对于任何给定的力学量，总存在一些特定的态，测量它们的结果是确定的。

例如，如果一个测量自旋的仪器 $\mathcal{A}$ 指向 z 轴方向放置，则测量态 $|u\rangle$ 的结果永远是 σ_z=+1，类似地，测量态 $|d\rangle$ 的结果永远是 σ_z=-1。原理 1 给了我们一个新的角度去看待这些事实。它意味着每一个力学量（σ_x, σ_y, σ_z）都等价于自旋态构成的两维空间中的一个线性算符。

当我们测量一个力学量的时候，结果必须是一系列可能的实数中的一个。例如，去测量一个原子的能量，结果一定是已经确定的原子能级中的某一个。而在我们熟悉的自旋的例子中，任何分量的可能结果都是 ±1，仪器绝不会给出任何其他的数值。原理 2 中定义了表示一个观测算符与测量数值可能结果之间的关系。也就是说，测量结果一定对应算符中的一个本征值，所以每个自旋算符的分量必须有两个本征值，且等于 ±1[①]。

原理 3 是最有趣的，至少我是这么认为的，因为它说出了一个关键的概念，这个想法我们以前其实遇到过，就是可明确区分的态。如果存在一个测量能够毫不含糊地区分出两个态，那么它们就是物理上不同的。举个例子，态 $|u\rangle$ 和 $|d\rangle$ 能够通过测量 σ_z 来区分。如果塞给你一个自旋并告知它

---

① 严格来说，我们还没有解释什么是自旋算符的"分量"，后面很快就会解释。

要么是 $|u\rangle$ 态，要么是 $|d\rangle$ 态，要想找出正确答案，你只需
把仪器 $\mathcal{A}$ 转到 z 轴的方向并测量 σ_z 就行了。这种情况下是
绝对不会搞错的。这种方法同样可以用于分辨 $|l\rangle$ 和 $|r\rangle$，你
可以通过测量 σ_x 来分辨它们。

如果告知你手里的自旋可能是 $|u\rangle$ 或者 $|r\rangle$（上或者右）
中的一个的话，那么你将没法通过一次测量来弄清楚真实的
态是什么。测量 σ_z 是不行的。比如你得到 σ_z=+1，那么它可
能是通过初始为 $|r\rangle$ 的态得到的，显然 $|r\rangle$ 有 50% 的概率会
得到这个答案。因此说 $|u\rangle$ 和 $|d\rangle$ 之间是物理上可区分的，
而 $|u\rangle$ 和 $|r\rangle$ 之间则不是。可以认为，两个态之间的内积度量
了它们之间可区分的程度，有时内积也被称作重叠
（overlap）。原理 3 要求物理上可区分的态使用正交的矢量表
示，这两个矢量没有发生任何的重叠。因此对于自旋态来
说，$\langle u|d\rangle = 0$，而 $\langle u|r\rangle = \dfrac{1}{\sqrt{2}}$。

此外，原理 4 作为一条规则来量化这一思想，即如何表
达一次实验中出现的各种结果的概率。如果我们假设一个系
统已经被制备到态 $|A\rangle$，之后对力学量 L 进行过测量，那么
输出的结果必须是算符 L 的某一个本征值 λ_i。但一般来说，
到底哪一个本征值会出现是没有办法知道的。我们能够知道
的只有出现某一个本征值 λ_i 的概率，记为 $P(\lambda_i)$。原理 4 告
诉了我们如何计算这个概率，以及这个概率是用态 $|A\rangle$ 与态

$|\lambda_i\rangle$ 之间的重叠程度来表示的。更为精确地表达是，出现的概率为重叠幅度的平方：

$$P(\lambda_i) = \left| \langle A | \lambda_i \rangle \right|^2$$

或用等价形式表示：

$$P(\lambda_i) = \langle A | \lambda_i \rangle \langle \lambda_i | A \rangle$$

你可能会问，为什么概率不等于重叠部分本身，而是重叠的平方。要记住，两个矢量内积的结果不一定总是正数，甚至不一定是实数。所以让概率等于 $\langle A | \lambda_i \rangle$，结果可能是没有意义的。但是幅度的平方 $\langle A | \lambda_i \rangle \langle \lambda_i | A \rangle$ 永远是正的实数，所以它可以作为某个输出结果的概率。

这个原理会给出一个重要的结论：代表力学量的算符是厄米的。

原因有两个。第一，显然一次实验的结果一定是实数，所以相应算符 L 的本征值也必须是实数。第二，代表完全不同结果的本征矢量一定具有不同的本征值，而且也一定是正交的。这些条件已经足够证明 L 必须是厄米算符。

举例：自旋算符

　　可能有些难以置信，虽然单个自旋是一个非常简单的系统，但是我们依然能够通过它了解很多量子力学的内容，我们也将努力"榨干"它的所有价值。在本节中，我们要写出自旋算符的具体形式——一个 2×2 的矩阵，从而学习在具体的条件下它们是如何工作的。我们很快将会建立自旋算符和态矢量的形式。但在深挖细节之前，我想在算符如何对应到物理测量这一点上多说几句。它们的关系有点微妙，随着内容的展开我们将进一步研究这一点。

　　大家知道，物理学家会区分不同类型的物理量，比如标量和矢量，因此一个与矢量（比如自旋）相联系的算符具有这个矢量的特征也并不意外。

　　目前，我们已经接触了不止一种矢量。其中 3-矢量是最为简单的，也是矢量的原型。它是三维空间中箭头的数学表示，通常使用 3 个实数，并写成一个列矩阵的形式。由于它们的分量是实值的，所以 3-矢量通常不足以用来描述量子态。为此我们需要使用左矢量和右矢量，它们的分量是复值的。

　　那么自旋算符 σ 又是哪一种矢量呢？它绝对不会是一个

态矢量（左矢量或者右矢量），也不是一个严格的 3-矢量，但携带这一家族的性状，因为毕竟它与空间指向相关。实际上，我们会经常把 σ 当作一个简单的 3-矢量来使用。不管怎么说，我们愿意保持一致，把 σ 称作 3-矢量算符。

用物理学的术语来说，这意味着：测量自旋的仪器只能够回答在某个特定方向上的自旋指向问题，自旋算符能够提供的信息就是在这个特定方向上自旋的分量是多少。物理上测量一个不同方向的自旋就是把仪器指向这个新的方向。同样的思路也可以应用在自旋算符上，如果想知道在新的方向上的自旋分量是多少，它也要能"转动"，不过是一种数学上实现的转动。所以关键在于，在每个仪器所能转到的方向上，我们都要能定义出相应的自旋算符。

构造自旋算符

现在让我们解决自旋算符的细节。第一步的目标是构造算符的自旋分量 σ_x、σ_y 和 σ_z，然后我们结合这些结果来构造任意方向的自旋分量。就像之前那样，我们还是从 σ_z 开始。我们知道对于 $|u\rangle$ 和 $|d\rangle$ 态，σ_z 有明确的数值，对应的测量结果是 $\sigma_z=+1$ 和 $\sigma_z=-1$。根据原理 1 至原理 3 可知：

- **原理 1**：σ 的每一个分量用一个线性算符表示。

- **原理 2**：σ_z 的本征矢量是 $|u\rangle$ 和 $|d\rangle$，相应的本征值是 +1 和 -1，可以抽象地表示成：

$$\sigma_z |u\rangle = |u\rangle$$
$$\sigma_z |d\rangle = -|d\rangle \qquad （3-12）$$

- **原理 3**：态 $|u\rangle$ 和态 $|d\rangle$ 是彼此正交的，可以表示成：

$$\langle u|d\rangle = 0 \qquad （3-13）$$

回忆一下在公式 2-11 和公式 2-12 中用来表达 $|u\rangle$ 和 $|d\rangle$ 的列矩阵，我们可以写出公式 3-12 的矩阵表达式：

$$\begin{pmatrix} (\sigma_z)_{11} & (\sigma_z)_{12} \\ (\sigma_z)_{21} & (\sigma_z)_{22} \end{pmatrix} \begin{pmatrix} 1 \\ 0 \end{pmatrix} = \begin{pmatrix} 1 \\ 0 \end{pmatrix} \qquad （3-14）$$

以及

$$\begin{pmatrix} (\sigma_z)_{11} & (\sigma_z)_{12} \\ (\sigma_z)_{21} & (\sigma_z)_{22} \end{pmatrix} \begin{pmatrix} 0 \\ 1 \end{pmatrix} = -\begin{pmatrix} 0 \\ 1 \end{pmatrix} \qquad （3-15）$$

只有一个矩阵能够满足这个方程。我把这个证明作为一道练习题留给你：

$$\begin{pmatrix} (\sigma_z)_{11} & (\sigma_z)_{12} \\ (\sigma_z)_{21} & (\sigma_z)_{22} \end{pmatrix} = \begin{pmatrix} 1 & 0 \\ 0 & -1 \end{pmatrix} \qquad (3\text{-}16)$$

或者，更加简洁地写作：

$$\sigma_z = \begin{pmatrix} 1 & 0 \\ 0 & -1 \end{pmatrix} \qquad (3\text{-}17)$$

Quantum
Mechanics

量子力学练习

练习 3-2： 证明公式 3-16 是公式 3-14 和公式 3-15 的
唯一解。

这就是我们遇到的第一个量子力学算符。让我们总结一下里面都包含了什么。首先是一些实验数据，对于确定的态

$|u\rangle$ 和 $|d\rangle$，使用 σ_z 去测量会得到完全确定的结果 ±1。其次，量子力学原理告诉我们，态 $|u\rangle$ 和 $|d\rangle$ 是相互正交的并且是线性算符 σ_z 的本征矢量。最后，我们从原理中学到其相应的本征值就是观测到的值，也就是 ±1。这就是我们能够从公式 3-17 中推导的全部内容。

是否可以把上边的做法应用在另外两个分量 σ_x 和 σ_y 上呢？可以。σ_x 的本征矢量是 $|r\rangle$ 和 $|l\rangle$，其本征值分别是 +1 和 -1。方程的形式为：

$$\sigma_x|r\rangle=|r\rangle$$
$$\sigma_x|l\rangle=-|l\rangle \qquad（3-18）$$

已知 $|r\rangle$ 和 $|l\rangle$ 是 $|u\rangle$ 和 $|d\rangle$ 的线性叠加：

$$|r\rangle=\frac{1}{\sqrt{2}}|u\rangle+\frac{1}{\sqrt{2}}|d\rangle$$
$$|l\rangle=\frac{1}{\sqrt{2}}|u\rangle-\frac{1}{\sqrt{2}}|d\rangle \qquad（3-19）$$

把它们代入适当的列矢量的表达式中，得到：

$$|r\rangle = \begin{pmatrix} \dfrac{1}{\sqrt{2}} \\[2mm] \dfrac{1}{\sqrt{2}} \end{pmatrix}$$

$$|l\rangle = \begin{pmatrix} \dfrac{1}{\sqrt{2}} \\[2mm] \dfrac{-1}{\sqrt{2}} \end{pmatrix}$$

为了把公式 3-18 表达得更具体，我们使用矩阵的形式：

$$\begin{pmatrix} (\sigma_x)_{11} & (\sigma_x)_{12} \\ (\sigma_x)_{21} & (\sigma_x)_{22} \end{pmatrix} \begin{pmatrix} \dfrac{1}{\sqrt{2}} \\[2mm] \dfrac{1}{\sqrt{2}} \end{pmatrix} = \begin{pmatrix} \dfrac{1}{\sqrt{2}} \\[2mm] \dfrac{1}{\sqrt{2}} \end{pmatrix}$$

以及

$$\begin{pmatrix} (\sigma_x)_{11} & (\sigma_x)_{12} \\ (\sigma_x)_{21} & (\sigma_x)_{22} \end{pmatrix} \begin{pmatrix} \dfrac{1}{\sqrt{2}} \\[2mm] \dfrac{-1}{\sqrt{2}} \end{pmatrix} = -\begin{pmatrix} \dfrac{1}{\sqrt{2}} \\[2mm] \dfrac{-1}{\sqrt{2}} \end{pmatrix}$$

上式如果展开去写的话，就变成了 4 个方程，包含矩阵元 $(\sigma_x)_{11}$、$(\sigma_x)_{12}$、$(\sigma_x)_{21}$ 和 $(\sigma_x)_{22}$，因此很容易求出：

$$\begin{pmatrix} (\sigma_x)_{11} & (\sigma_x)_{12} \\ (\sigma_x)_{21} & (\sigma_x)_{22} \end{pmatrix} = \begin{pmatrix} 0 & 1 \\ 1 & 0 \end{pmatrix}$$

或者

$$\sigma_x = \begin{pmatrix} 0 & 1 \\ 1 & 0 \end{pmatrix}$$

我们可以用同样的方法处理 σ_y，它的本征矢量是入态 $|i\rangle$ 和出态 $|o\rangle$：

$$|i\rangle = \frac{1}{\sqrt{2}}|u\rangle + \frac{i}{\sqrt{2}}|d\rangle$$
$$|o\rangle = \frac{1}{\sqrt{2}}|u\rangle - \frac{i}{\sqrt{2}}|d\rangle$$

这两个式子也可以表达成分量的形式：

$$|i\rangle = \begin{pmatrix} \dfrac{1}{\sqrt{2}} \\ \dfrac{i}{\sqrt{2}} \end{pmatrix}$$

$$|o\rangle = \begin{pmatrix} \dfrac{1}{\sqrt{2}} \\ \dfrac{-i}{\sqrt{2}} \end{pmatrix}$$

因此容易得到：

$$\sigma_y = \begin{pmatrix} 0 & -i \\ i & 0 \end{pmatrix}$$

总而言之，三个算符 σ_z、σ_y 和 σ_x 用三个矩阵代表：

$$\sigma_z = \begin{pmatrix} 1 & 0 \\ 0 & -1 \end{pmatrix}$$

$$\sigma_x = \begin{pmatrix} 0 & 1 \\ 1 & 0 \end{pmatrix}$$

$$\sigma_y = \begin{pmatrix} 0 & -i \\ i & 0 \end{pmatrix} \tag{3-20}$$

这三个矩阵是以它们的发现者的名字命名的，这就是泡利矩阵（Pauli matrices）[①]。

一个常见的误解

这里有一个潜在的危险，现在是时候给你提个醒了。算符与测量值之间相互对应是量子力学的基础，它也非常容易被误解。先说说对算符正确的理解。

1. 算符是我们用来计算本征值和本征矢量的东西。

2. 算符要作用在态矢量（这是个抽象的数学对象）上，而非实际的物理系统上。

3. 当算符作用在一个态矢量上时，会产生一个新的态矢量。

说完了正确的理解，我要说一个常见的误解：经常有人认为观测一个物理量与相应的算符作用在态上是一回事。举个例子，假设我们对测量物理量 L 感兴趣，那么测量就是

---

① 连同 2×2 单位矩阵，它们一起组成四元数。

用仪器对系统进行某些操作，但是这种仪器的操作与算符 L 的作用并不一样。比如，在测量之前系统的态为 $|A\rangle$，那么你不能说测量过一次 L，系统的态就变成了 $L|A\rangle$。

为了方便理解，我们来仔细研究这个例子。幸好第 1 讲中有关自旋的内容已经为我们做了足够的准备，回忆一下公式 3-12：

$$\sigma_z |u\rangle = |u\rangle$$
$$\sigma_z |d\rangle = -|d\rangle$$

这个情形并不存在任何陷阱，因为 $|u\rangle$ 和 $|d\rangle$ 都是 σ_z 的本征矢量。比如系统一开始被制备到态 $|d\rangle$，那么测量的结果肯定是 -1，而算符的作用是把初始的态变为测量后的态 $-|d\rangle$。态 $-|d\rangle$ 与态 $|d\rangle$ 只差了一个常数，所以它们两个是一个态。到这里都没有问题。

现在我们来看看如果 σ_z 作用在 $|r\rangle$ 上会发生什么。$|r\rangle$ 并不是本征矢量，根据公式 3-19，有：

$$|r\rangle = \frac{1}{\sqrt{2}}|u\rangle + \frac{1}{\sqrt{2}}|d\rangle$$

使用 σ_z 作用后得到：

$$\sigma_z |r\rangle = \frac{1}{\sqrt{2}} \sigma_z |u\rangle + \frac{1}{\sqrt{2}} \sigma_z |d\rangle$$

或者

$$\sigma_z |r\rangle = \frac{1}{\sqrt{2}} |u\rangle - \frac{1}{\sqrt{2}} |d\rangle \qquad （3-21）$$

陷阱来了。不管你怎么想，公式 3-21 中等号右边的态矢量绝对不是 σ_z 测量得出的结果。测量的结果要么是 +1（对应态 $|u\rangle$），要么是 -1（对应态 $|d\rangle$），无论哪种情况都不会留下一个公式 3-21 那样的叠加态。

但可以肯定的是，这个态矢量肯定和测量结果有点关系。实际上的确如此。第 4 讲将会揭晓部分答案，那时我们将看到这个新的态矢量是如何帮助我们计算不同测量结果的概率的。但如果不考虑把用来测量的仪器也纳入系统的一部分的话，我们就没有办法完整地描述一次测量。在一次测量中实际发生的情况是我们要在第 7 讲中讨论的主题。

重新回到 3-矢量算符

现在让我们回顾一遍 3-矢量算符的思想。我曾经把 σ_x、σ_y、σ_z 叫作自旋在 x、y、x 三个轴上的分量，这隐含地表达了它们也是某个 3-矢量的分量。现在正好回顾一下物理学中非常常见的两种关于矢量的说法。首先，是我们常说的三维空间中的矢量，我们决定叫它 3-矢量。正如我们所看到的那样，3-矢量在三个空间方向存在各自的分量。其次，作为术语，矢量还有另一个完全不同的意思，就是一个系统的态矢量，也就是用于自旋态的二维空间中的态矢量 $|u\rangle$ 和 $|d\rangle$、$|r\rangle$ 和 $|l\rangle$ 以及 $|i\rangle$ 和 $|o\rangle$。那 σ_x、σ_y、σ_z 是什么呢？它们也是矢量吗？如果是的话，属于哪种类型呢？

显然，它们不是态矢量，它们是算符（写作矩阵的形式），分别对应自旋的三个测量的分量。实际上，这个 3-矢量算符是一种新型的矢量。它们既不同于态矢量也不同于通常的 3-矢量。但是由于自旋算符的表现就像是一个 3-矢量，所以认为它们是 3-矢量也没什么问题，在这里我们也是这么做的。

我们测量自旋分量时，是把仪器 $\mathcal{A}$ 沿着三个轴中的某一个的方向摆放，然后启动它。那么为什么不能让 $\mathcal{A}$ 指向任意一个方向呢？换句话说，任选一个单位 3-矢量 $\hat{n}$，它的分量为 n_x、n_y 和 n_z，也就是把仪器 $\mathcal{A}$ 指向 $\hat{n}$ 箭头的方向。这时启动 $\mathcal{A}$ 就能测出 σ 沿着 $\hat{n}$ 轴的分量。

如果 σ 真的像一个 3-矢量的话，那么 σ 在 $\hat{n}$ 轴上的分量就应该是 σ 与 $\hat{n}$ 普通的点积①，让我们把 σ 的分量记为 σ_n，就有：

$$\sigma_n = \vec{\sigma}\cdot\hat{n}$$

也可以展开写作：

$$\sigma_n = \sigma_x n_x + \sigma_y n_y + \sigma_z n_z \qquad （3\text{-}22）$$

为了搞清楚这个式子的意义，要记得 $\hat{n}$ 的分量就是一些数，它们本身并不是算符。公式 3-22 描述了一个矢量算符，它由三项构成，每一项包含一个数值系数 n_x、n_y 和 n_z。我们

---

① 除了涉及分量的时候，如 σ_x，我们将使用记号 $\vec{\sigma}$。细心的读者可能会反对，因为这个所谓"普通"点积的结果是一个 2×2 的矩阵，而不是一个标量，所以它也没有那么"普通"。也许值得欣慰的一点是，毕竟矩阵运算的结果对应一个矢量的分量，而这个分量是一个标量。我们最终会清楚所有这些内容。

可以写出更为具体的矩阵表达式：

$$\sigma_n = n_x \begin{pmatrix} 0 & 1 \\ 1 & 0 \end{pmatrix} + n_y \begin{pmatrix} 0 & -i \\ i & 0 \end{pmatrix} + n_z \begin{pmatrix} 1 & 0 \\ 0 & -1 \end{pmatrix}$$

或者可以把这三项结合成一个矩阵，得到更为明确的表达：

$$\sigma_n = n_x \begin{pmatrix} n_z & \left(n_x - i n_y \right) \\ \left(n_x + i n_y \right) & -n_z \end{pmatrix} \tag{3-23}$$

这样有什么好处呢？对于求解 σ_n 本征矢量和本征值之外的情况，好处并不是很多。不过一旦去求解，我们就能知道指向 $\hat{n}$ 方向的测量将得到什么结果，而且还能计算这些结果的概率。换句话说，我们拥有了一个三维空间中测量自旋的完整图像。要我说，这可真是太酷了！

收获结果

现在我们已经准备好进行一些真正的计算了，这足以让你内心深处的那名物理学家欣喜雀跃了。让我们看一个特殊的情况：$\hat{n}$ 处于 x-z 平面上，比如这页纸所构成的平面。$\hat{n}$

是个单位矢量，因此可以写作：

$$n_z = \cos\theta$$
$$n_x = \sin\theta$$
$$n_y = 0$$

其中 θ 是 $\hat{n}$ 与 z 轴的夹角。把这些表达式代入公式 3-23，我们可以得到：

$$\sigma_n = \begin{pmatrix} \cos\theta & \sin\theta \\ \sin\theta & -\cos\theta \end{pmatrix}$$

其本征值和本征矢量的结果是：

$$\lambda_1 = 1$$

$$|\lambda_1\rangle = \begin{pmatrix} \cos\dfrac{\theta}{2} \\ \sin\dfrac{\theta}{2} \end{pmatrix}$$

以及

$$\lambda_2 = -1$$

$$|\lambda_2\rangle = \begin{pmatrix} -\sin\dfrac{\theta}{2} \\ \cos\dfrac{\theta}{2} \end{pmatrix}$$

量子力学练习

练习 3-3：计算 σ_n 的本征值和本征矢量。提示：假设 λ_i 的本征矢量具有如下的形式，其中 α 是个未知的参数：

$$\begin{pmatrix} \cos\alpha \\ \sin\alpha \end{pmatrix}$$

把这个矢量代入本征值方程中求解 α，表示成 θ 的函数。为什么只用了一个参数 α 呢？注意，我们假设的列矢量必须具有单位长度。

提示几点重要的事实。首先，两个本征值依然还是 +1 和 -1。这应该在意料之中，毕竟无论仪器 $\mathcal{A}$ 指向什么方向，也只能输出这两个数值中的一个，但能用方程求出这个结果是很好的。其次，这两个本征矢量是正交的。

我们现在已经能够为实验做出预测了。假设 $\mathcal{A}$ 初始指向 z 轴方向并且自旋已经制备到 $|u\rangle$ 态，然后我们转动 $\mathcal{A}$，让它指向 $\hat{n}$ 方向，那么测得 $\sigma_n=+1$ 的概率是多大？根据原理 4，并把态 $|u\rangle$ 和态 $|\lambda_i\rangle$ 分别展开成行与列的表达式，答案是：

$$P(+1) = |\langle u|\lambda_1\rangle|^2 = \cos^2\frac{\theta}{2} \qquad （3-24）$$

类似地，在同样的设定下，有：

$$P(-1) = |\langle u|\lambda_2\rangle|^2 = \sin^2\frac{\theta}{2} \qquad （3-25）$$

得到了这个结果，我们几乎又回到了原点。当引入自旋时，我们曾经说过：如果大量制备自旋向上的态，然后测量它们在方向 $\hat{n}$ 上的分量，之后求这些测量结果的平均值，结果将等于 $\cos\theta$，其中 θ 是 $\hat{n}$ 与 z 轴的夹角。这个结果与经典力学中 3-矢量的结果是一致的。那我们的数学框架也能给出一样的结果吗？答案必须是肯定的！如果一个理论与实验结果不一致，那这个理论只能退场。让我们来看看到目前为止这个理论的表现。

很遗憾，我们还需要提前使用在接下来一讲中才会深入讲解的方程。这个方程将告诉我们如何计算测量的平均值（也叫作期望值），也就是：

$$\langle L \rangle = \sum_{i} \lambda_i P(\lambda_i) \qquad （3-26）$$

值得一提的是，公式 3-26 不过是一个求平均值的标准方程，并不是量子力学所独有的。

为了得到算符 L 所对应测量的期望值，我们需要把每一个本征值乘以它出现的概率，然后再求和，得到结果。当然此时我们所考虑的正是 σ_n，并且已经有了所有需要的数据。下面我们把它们结合起来。使用公式 3-24 和公式 3-25，结合已经知道的本征值，可以得到：

$$\langle \sigma_n \rangle = (+1)\cos^2\frac{\theta}{2} + (-1)\sin^2\frac{\theta}{2}$$

或者

$$\langle \sigma_n \rangle = \cos^2 \frac{\theta}{2} - \sin^2 \frac{\theta}{2}$$

如果你还记得上学时所学的三角函数，就能得到：

$$\langle \sigma_n \rangle = \cos \theta$$

这个结果与实验完美契合。是的，我们做到了！

学习了这么多之后，你可能想要试一试更具普遍性的问题。像前面一个例子那样，初始时我们将仪器 $\mathcal{A}$ 指向 z 轴方向，不过这一次我们在准备好初始自旋向上的态之后，就可以将 $\mathcal{A}$ 转到任意方向，从而做好第二次测量的准备。这一次，$n_y \neq 0$。试着完成这个计算。

量子力学练习

练习 3-4： 令 $n_z = \cos \theta$，$n_x = \sin \theta \cos \phi$，$n_y = \sin \theta \sin \phi$，角度 θ 和 ϕ 的定义遵循球坐标的惯常约定（如图 3-2 所示）。求解矩阵式 3-23 的本征矢量和本征值。

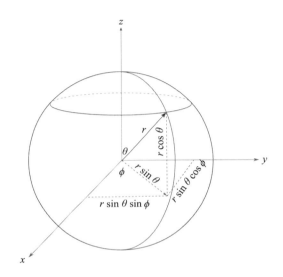

图 3-2　球坐标系

图 3-2 描述了通常情况下的球坐标系统，空间点使用 r、θ、
ϕ 来标记，同时也标明了与直角坐标的转换关系：$x = r \sin \theta \cos$
ϕ、$y = r \sin \theta \sin \phi$ 和 $z = r \cos \theta$。

你也可以试试能不能求解更加复杂的情况，其中包含两
个方向 $\hat{n}$ 和 $\hat{m}$。这一次，$\mathcal{A}$ 不仅最终方向是任意的，而且
初始方向也是任意的（但不同于最终方向）。

练习 3-5：假定已经制备好了一个自旋，即 σ_m =+1。然
后将仪器转到 $\hat{n}$ 方向，并测量 σ_n，结果为 +1
的概率有多大？注意，其中 $\sigma_m = \sigma \cdot \hat{m}$，并
遵循之前针对 σ_n 的相同约定。

答案是 $\hat{n}$ 和 $\hat{m}$ 之间夹角一半的余弦的平方。你能证
明吗？

自旋极化原理

有一条重要的定理你可以试着证明一下。

自旋极化原理（Spin-Polarization Principle）：单自旋
的任何一个态都是该自旋某个分量的本征矢量。换句话说，
给定任意一个态：

$$|A\rangle = \alpha_u |u\rangle + \alpha_d |d\rangle$$

都存在一个方向 $\hat{n}$，满足：

$$\vec{\sigma}\cdot\vec{n}\,|A\rangle = |A\rangle$$

这意味着对于任意一个自旋态都存在一个方向，当把仪器 $\mathcal{A}$ 旋转到这个方向时其读数为 +1。用物理学的语言表述就是，自旋的这个态被认为是一个极化矢量。当然假设你已经知道这个态矢量的话，沿着极化矢量的方向，可以预测出自旋的分量是 +1。

这个定理有个有趣的结果，就是不存在三个分量的期望值都是 0 的态。这一点可以定量地表示出来。考虑自旋沿着 $\hat{n}$ 方向时的期望值，显然 $|A\rangle$ 是 $\vec{\sigma}\cdot\vec{n}$ 的本征矢量（本征值为 +1），这意味着它的期望值可以表示成：

$$\langle\vec{\sigma}\cdot\vec{n}\rangle = 1$$

此外，态 $|A\rangle$ 在 σ 垂直方向上的期望值为 0。这也满足了 σ 的三个分量的平方和期望值归一的要求。一般来说，对于任何态，都有：

$$\left\langle \sigma_x \right\rangle^2 + \left\langle \sigma_y \right\rangle^2 + \left\langle \sigma_z \right\rangle^2 = 1 \qquad (3\text{-}27)$$

记住这个事实，我们在第 6 讲中还要提及。

Quantum Mechanics

第 4 讲

时间与变化

Lecture 4
Time and Change

Quantum
Mechanics

　　在酒吧的尽头坐着一位安静但令人生畏的大块
头，他的Ｔ恤上印着"−1"。

　　阿特：角落里的那个"−1"是谁？保镖吗？

　　莱尼：他可不只是什么保镖，他是法律。

　　没有他，这个地方会统统垮掉。

一个经典的回顾

在《理论最小值：经典力学》中，我们花了不到两页的篇幅解释了经典物理学中态的概念。而对应量子力学版本的概念则花了三讲的篇幅，包括三个会用到的数学概念，我自己大致统计了一下，差不多用了 17 000 个词①才讲到了经典物理学中相对应的位置。但我认为最困难的部分已经过去了。现在我们知道了什么是态。但就像经典物理学中一样，知道了系统的态仅仅完成了一半，另外的一半涉及的是态随时间变化的规则。那正是我们下一步的工作。

我们简单回顾一下在经典物理学中变化的本质。在经典物理学中，态空间是一个数学集合，满足布尔逻辑，态随时间的演化是确定且可逆的。对于我们研究的简单例子来说，态空间中只包含几个点。比如硬币的正面和反面，或者骰

---

① 17 000 为原文的英文单词数。——译者注

子的数字 {1, 2, 3, 4, 5, 6}。把这些态画在纸上对应于一个点集，这样一来，随时间的演化不过是在告诉你下一步要去到哪个点。如果用箭头连接不同的态来代表态之间的转移，那么运动定律就表示为这些箭头组成的一张图。其规则主要是：无论在态空间的何处，运动定律早已决定好了下一个态会是什么，这就是决定论。另外，还有一个关于可逆性的规则，可逆性要求任何合理的数学定律一定能够告诉你上一个态是什么。用一张图来说明就是，其中的每一个态都正好有一个箭头进来并且有一个箭头出去。

也可以用另外一种方式来描述这个要求，我称之为"第负一定律"（minus first law），因为它是所有其他内容的基础，那就是信息永不丢失。如果两个完全相同的孤立系统一开始处于不同的态，那么它们将永远处于不同的态，也说明它们过去一直处于不同的状态。换句话说，如果两个全同系统在某个时间点上处于相同的态，那么它们经历的历史和未来的演化也一定是全同的，就是所谓的差异守恒。量子力学版本的第负一定律有一个名字，叫作幺正性（unitarity）。

幺正性

假设有这样一个封闭系统，当时间为 t 时，它处于量子

态 $|\varPsi\rangle$（在研究演化的系统时，使用希腊字母 $\varPsi$ 来代表量
子态是一个传统）。为了表示 $|\varPsi\rangle$ 正处于 t 时刻，我们把符
号变得稍微复杂一点，记作 $|\varPsi(t)\rangle$。当然，这个符号不只意
味着"在时刻 t 的态为 $|\varPsi\rangle$"，还可以表示在不同时刻的不
同态，也就是用 $|\varPsi(t)\rangle$ 来代表这个系统的全部历史。

量子力学的基本动力学假设为：如果知道了某个时刻的
态，量子力学的运动方程会告诉你之后的态是怎样的。为了
不失一般性，我们设初始时刻为 0，而之后的某个时刻记为
t。那么存在一个算符 U，作用在 0 时刻的态之后可以给出 t
时刻的态 $U(t)$。在没有具体的 $U(t)$ 的表达之前，我们只能
知道 $|\varPsi(t)\rangle$ 是由 $|\varPsi(0)\rangle$ 决定的。用方程来表示就是：

$$|\varPsi(t)\rangle = U(t)|\varPsi(0)\rangle \qquad (4\text{-}1)$$

系统的算符 U 叫作系统的演化算符。

量子力学中的决定论

现在我们需要小心地区分一下，为了建立态矢量演化的
$U(t)$，我们走上了一条决定论的路。是的，你没有听错，态

矢量的演化是遵循决定论的。这很好，因为这可以为我们提供一个预测未来的方法，但是这又如何解释测量结果的统计特征呢？

就像我们看到的那样，知道了量子态并不代表能确切地预测出测量的结果。比如，即便已经知道自旋的态是 $|r\rangle$，你知道的也只是测量 σ_x 时的结果是什么，但无法知道 σ_y 或者 σ_z 的测量结果。由此可知，公式 4-1 与经典力学的决定论并不一样。经典力学决定论允许我们预测的是实验的结果，而量子力学允许计算的是态演化到后续实验结果的概率。

这是经典力学与量子力学的本质区别。这就回到了最开始时我们所提到的态与测量之间的关系。在经典力学中，态与测量之间没有本质区别，而在量子力学中这一区别是巨大的。

更近一步看 $U(t)$

一般的量子力学对于 $U(t)$ 都会有一些要求。首先，它要求 $U(t)$ 是个线性算符。这在意料之中。在量子力学中，两个态之间的关系总是线性的，毕竟沿着态空间是一个向量空间的思路自然会得出这样的结果。不过线性并不是唯一

的要求，另一个要求是量子力学版本的第负一定律：差异
守恒。

回忆第 3 讲的内容：如果两个态彼此正交，则它们是可
区分的。那么相互正交的两个基底矢量代表了两个可区分的
态，假设 $|\Psi(0)\rangle$ 和 $|\Phi(0)\rangle$ 就是两个可以区分的态，换句话说
就是，可以通过某个特定的实验来区分，因此它们一定是正
交的：

$$\langle\Psi(0)|\Phi(0)\rangle = 0$$

差别守恒意味着，之后它们也将一直是正交的，这一点我们
写作：

$$\langle\Psi(t)|\Phi(t)\rangle = 0 \tag{4-2}$$

这一原理是演化算符的结果，为了研究它的本质，我们把公
式 4-1 表示的右矢量方程改写成对应的左矢量方程：

$$\langle\Psi(t)| = \langle\Psi(0)|U^\dagger(t) \tag{4-3}$$

　　注意：匕首形 † 上标代表厄米共轭。现在我们把公式 4-1 和公式 4-3 代入公式 4-2 中，得到：

$$\langle \Psi(0) | U^\dagger(t) U(t) | \Phi(0) \rangle = 0 \qquad （4\text{-}4）$$

　　为了检验这一结果，考虑使用正交基底 $|i\rangle$，任何一套都可以，正交性可以用方程的形式表示：

$$\langle i | j \rangle = \delta_{ij}$$

　　这里的 δ_{ij} 叫克罗内克符号（Kronecker symbol）。

　　接下来，我们选取 $|\Psi(0)\rangle$ 和 $|\Phi(0)\rangle$ 作为正交基底。代入公式 4-4，只要 i 与 j 不相等，就有：

$$\langle i | U^\dagger(t) U(t) | j \rangle = 0 \quad (i \neq j)$$

　　此外，如果 i 与 j 相等，那么 $U(t) | i \rangle$ 和 $U(t) | j \rangle$ 也相等，这时它们的内积也就应该等于 1。因此，更一般的形式为：

$$\langle i | U^\dagger(t) U(t) | j \rangle = \delta_{ij}$$

也就是说，当 $U^\dagger(t)U(t)$ 作用在基底中任意两个成员之间的
时候，表现得都像是一个单位算符 I。从此，我们很容易证
明 $U^\dagger(t)U(t)$ 作用在任意态上，表现得也都像是单位算符，
也就是满足

$$U^\dagger U = I$$

这就叫作幺正性。用物理学的行话来说就是，时间演化是幺
正的。

　　幺正算符在量子力学中有着极其重要的作用，它代表着
态空间中所有类型的变换，时间演化只是其中的一种情况。
因此我们把本节内容总结为第五个原理。

● **原理** 5：态矢量随时间的演化是幺正的。

Quantum
Mechanics
量子力学练习

　　练习 4-1：证明：如果 U 是幺正算符，对于任意两个态
$|A\rangle$ 和 $|B\rangle$，$U|A\rangle$ 和 $U|B\rangle$ 的内积等于 $|A\rangle$ 和

$|B\rangle$ 的内积。这可以称为重叠守恒。它表示了量子态之间的逻辑关系不随时间改变的事实。

哈密顿量

在经典力学的研究中，我们熟悉了一个推导思路，就是考虑在时间上采用一个增量。在这方面，量子力学也并没有什么不同：我们可以把很多无穷小的时间间隔结合成一个有限的时间间隔，如此一来，就能导出一个态矢量演化的微分方程。最后我们把时间间隔 t 用无穷小时间间隔 ϵ 代替，考虑在这个小的时间间隔上的演化算符。

时间增量的研究要遵守两个原理，第一个就是幺正性原理：

$$U^{\dagger}(\epsilon)\,U(\epsilon) = I \qquad (4\text{-}5)$$

第二个是连续性原理，这意味着态矢量的变化是连续的。更为精确地说就是，先考虑 ϵ 为 0 的情况。很明显，在这种情况下，时间演化算符就应该是单位算符 I。连续性的要求是说，在 ϵ 很小时，$U(\epsilon)$ 很接近单位算符，差别由 ϵ 的量级决定。因此：

$$U(\epsilon) = I - i\epsilon H \qquad (4\text{-}6)$$

你可能想问为什么我要在 H 前面使用负号和 i。到目前为止，这两个因子完全是任意的，也就是说它们只是一种适当的约定，并没有什么实际意义。我使用它们是为了兼顾后面的内容，到时候你就会发现 H 与经典物理学中的相似之处。

我们也需要有 $U^\dagger$ 的表达式，还记得厄米共轭要求系数都取复共轭吗？因此：

$$U^\dagger(\epsilon) = I + i\epsilon H^\dagger \qquad (4\text{-}7)$$

现在我们把公式 4-6 和公式 4-7 代入到公式 4-5 的幺正条件中去：

$$\left(I + i\epsilon H^\dagger\right)\left(I - i\epsilon H\right) = I$$

展开到第一阶，我们得到：

$$H^\dagger - H = 0$$

或者改写成更有启发性的形式：

$$H^\dagger = H \qquad\qquad (4\text{-}8)$$

最后一个方程表达的是幺正性条件，但是它也说明了 H 是个厄米算符，这一点非常重要。现在我们可以说 H 是一个力学量了，并且拥有正交本征矢量和本征值的完全集。随着讲解的深入，H 将会变成一个我们熟知的东西，叫作量子哈密顿量（quantum Hamiltonian）。测量系统时能够得到的能量值正是 H 的本征值，这正是 H 与经典的哈密顿量相对应的原因。你很快就会看到，它的本征值正是能量。

现在让我们回到公式 4-1，写出时间间隔无穷小情况下它的表达式，使用公式 4-6 得到：

$$|\Psi(\epsilon)\rangle = |\Psi(0)\rangle - \mathrm{i}\epsilon H|\Psi(0)\rangle$$

这个方程就是为了让我们更容易地转变成微分方程。首先，把等号右边的第一项挪到等号左边，然后除以 ϵ ，得到：

$$\frac{|\Psi(\epsilon)\rangle - |\Psi(0)\rangle}{\epsilon} = -\mathrm{i}\, H\,|\Psi(0)\rangle$$

如果你还记得微积分的话（《理论最小值：经典力学》第 2 讲中有一段内容可供快速回顾），你就会发现等号左边正是导数的定义。如果我们取极限运算 $\epsilon \to 0$ ，方程就变成了态矢量的时间微分方程：

$$\frac{\partial|\Psi\rangle}{\partial t} = -\mathrm{i}\, H\,|\Psi\rangle \tag{4-9}$$

根据起点的设定，时间变量为 0。但是所谓零点 $t = 0$，并没有什么特殊之处。我们完全可以选择另外一个时刻做同样的处理，结果也将是完全一样的，还是公式 4-9。这个方程展示了态矢量是如何变化的，即如果你知道一个时刻的态矢量，这个方程就能告诉你下一个态是什么。公式 4-9 太重要了，值得起一个名字，我们就叫它"广义薛定谔方程"吧，或者选择一种更加通俗的叫法：含时薛定谔方程（time dependent Schrödinger equation）。如果我们知道了哈密顿量，就能知道一个不被外部扰动的系统是如何演化的。阿特喜欢把这个态矢量称作薛定谔的右矢（Schrödinger's Ket）[1]，他甚至想在希腊字母上加上胡子[2]，我真得给他划定一条红线了。

ℏ 的由来

你肯定听说过普朗克常数，普朗克自己把它标记为 h，它的值取为 $6.6 \times 10^{-34}\,\mathrm{kg \cdot m^2 / s}$。后来，人们重新定义了该常数，又将它除以 2π，最终将其记作 ℏ，即

$$\hbar = \frac{h}{2\pi} = 1.054\,571\,726\cdots \times 10^{-34}\,\mathrm{kg \cdot m^2 / s}$$

为什么要除以 2π 呢？因为后面很多地方都需要 2π，这里先除以了它，就避免了很多麻烦。考虑到普朗克常数如此重要，它却一直没有出现，真是很奇怪。现在就让我们补充这一点。

和经典力学一样，在量子力学中，哈密顿量也是代表能量的数学对象。如果你很警觉的话，可能会发现这会造成一

---

[1] Ket 本是右矢，因与著名的"薛定谔的猫"谐音，阿特可能想把它叫作"薛定谔的喵"，因此后面说要加上胡子。——译者注

[2] 好吧，这都不是真的。

个令人困惑的问题。好好看看公式 4-9，看不出它的量纲是
什么。如果在等号两边都忽略掉 $|\Psi\rangle$，等号左边的单位就是
时间的倒数。如果量子哈密顿量确实也是能量的话，那么等
号右边的单位也应该是能量的单位才对。能量的单位是焦
耳，也就是 $kg \cdot m^2 / s^2$。很明显我在这里使了点手段。解决
这个矛盾的方法就是引入 ħ，一个自然常数。它的单位是
$kg \cdot m^2 / s$，而这个单位正好是我们在公式 4-9 中所需要的
那个。我们重新写下这个带着普朗克常数的方程。现在，方
程的量纲就平衡了：

$$\hbar \frac{\partial |\Psi\rangle}{\partial t} = -iH |\Psi\rangle \qquad (4\text{-}10)$$

那为什么 ħ 会小到如此夸张呢？也许研究生物的人能比研究
物理的人给出更多的理由。正确的问法不是它为什么那么
小，而是为什么我们这么大。人类所使用的单位反映了人类
自己的尺度。米可能源自测量的绳子或者布匹，大致等于一
个人的鼻子到他张开手臂的指尖的距离；秒和心脏跳动一次
的时间差不多；而千克是一种可以用得比较顺手的单位。我
们使用这套单位是因为方便，但是基础物理学才不在乎我们
呢。原子的尺度大约是 10^{-10} 米，为什么这么小？那是个错
误的问题，正确的问题是为什么我们的一条胳臂中有这么多
原子？原因很简单，就是作为一个具有各种功能、智慧，而

且还会使用单位的生灵，你就需要用到很多原子。类似地，千克这个单位对原子来说也太大太大了，因为毕竟人类又不能只带一个原子出门，那太容易弄丢了。在时间方面也是一样的，我们使用了无比漫长的秒来做单位。最后，普朗克常数小的原因就在于我们自己又大、又重、又慢。

对微观世界感兴趣的物理学家，喜欢为他们研究中使用的单位"量体裁衣"。如果你使用原子的长度、时间和质量的尺度的话，普朗克常数就不是一个如此诡异的数值了，它将会非常接近于1。实际上，让普朗克常数等于1是量子力学中最自然的选择，在现实的应用中也非常普遍。但是在这本书里，我们还是在方程中保留了 $\hbar$。

数学期望

让我们做一个短暂的休整，来讨论一个统计学上重要的概念，也就是平均值或者叫均值的思想。我们在前文简单地提过这个思想，但是现在是时候来仔细看看了。

在量子力学中，平均值被叫作期望值（从某些方面来说，这个名字选得很不好，之后我会告诉你为什么）。假设我们有了某个力学量 L 的实验输出结果的概率函数，那么这个输出的数值一定是 L 的某个本征值之一，记为 λ_i，而概率函数是 $P(\lambda_i)$。在统计学中，平均值的符号是在被测物理量的符号上面写一个小横线，所以力学量 L 的平均值就是 $\overline{L}$。在量子力学的标准中，平均值的符号是不一样的，一般使用精巧的狄拉克符号的记法，也就是 L 的平均值被写成 $\langle L \rangle$。我们很快就会看到为什么说狄拉克符号的记法很自然，但还是先来看看平均值这一术语的意义吧。

从数学角度来说，平均值是由如下方程定义的：

$$\langle L \rangle = \sum_i \lambda_i P(\lambda_i) \qquad (4\text{-}11)$$

换句话说，就是带有权重的求和，权重就是概率函数 P。

此外，还有一种根据实验方法来定义平均值的方法。假设有一个做了非常多次的独立实验，并且记录了所有的实验结果，那么概率函数就有一个操作定义。我们认为 $P(\lambda_i)$ 是观测到结果为 λ_i 的次数的比例，那么公式 4-11 就与观测实验的平均值相等。任何一个统计理论的基本假设是：只要实验的次数足够多，那么数学的平均值与实验的平均值结果将会一致。我们无须质疑这个假设。

现在我想证明一个优雅的小定理，它能说明狄拉克符号为什么表示平均值。假设量子系统有一个归一化的态 $|A\rangle$，那么把 $|A\rangle$ 在 L 本征值的正交基底上展开为：

$$|A\rangle = \sum_i \alpha_i |\lambda_i\rangle \qquad (4\text{-}12)$$

我们计算一个物理量 $\langle A|L|A\rangle$，计算该物理量纯粹是为了好玩。它的意思很清楚：首先是线性算符 L 作用在 $|A\rangle$ 上[①]，然后取它与左矢量 $\langle A|$ 的内积。我们先将算符 L 作用在公式 4-12 上，得到：

$$L|A\rangle = \sum_i \alpha_i L |\lambda_i\rangle$$

记住，矢量 $|\lambda_i\rangle$ 是 L 的本征矢量，依据 $L|\lambda_i\rangle = \lambda_i |\lambda_i\rangle$，得到：

$$L|A\rangle = \sum_i \alpha_i \lambda_i |\lambda_i\rangle$$

然后取它与 $\langle A|$ 的内积。我们使用的方法也是把 $\langle A|$ 展开成本征矢量，那么根据本征矢量的正交归一性，得到结果：

---

① 如果我们让 L 先作用在 $\langle A|$ 上，结果也是一样的。

$$\langle A|L|A \rangle = \sum_i \left(\alpha_i^* \alpha_i\right) \lambda_i \qquad (4\text{-}13)$$

使用概率公理（基本原理 4）可知，$\left(\alpha_i^* \alpha_i\right)$ 就是 $P(\lambda_i)$，我们立刻就看到，公式 4-13 的等号右边与公式 4-11 的等号右边是一样的。也就是说：

$$\langle L \rangle = \langle A|L|A \rangle \qquad (4\text{-}14)$$

这样一来，我们有了一个快速计算平均值的法则，就是做一个"三明治"，把力学量夹在中间，代表这个态的左矢量和右矢量分别放在两边。

在第 3 讲中，我们承诺会解释厄米算符作用在一个态矢量上是怎样与物理测量结果相关联的。现在有了期望值的知识之后，我们可以兑现这个承诺了。如果回过头去看公式 3-21 的话，我们看到的例子是，算符 σ_z 作用在态矢量 $|r\rangle$ 上，产生一个新的态矢量。如果你愿意的话，可以认为这个方程已经测量了 σ_z 平均值的一半，也就是"三明治"的右边一半。剩下的计算就是取它与态矢量的对偶矢量 $\langle r|$ 的内积。所以当公式 3-21 中的 σ_z 作用在 $|r\rangle$ 上时，它产生了一个新的态矢量，从它出发我们可以计算测量 σ_z 所得到的每

一个结果出现的概率。

可忽略的全局相因子

在之前的内容中，我们说过，态矢量的全局相因子是可以忽略的，并承诺了在后边的章节中解释其原因。在解决了平均值的问题之后，为了兑现承诺，让我们先走一点点弯路。

"可忽略的全局相因子"是什么意思呢？它是指，我们可以在态矢量前面乘以任意的一个常数相因子 $e^{i\theta}$，其中的 θ 是个实数，而结果不会改变态矢量的物理意义。为了看清楚这一点，在公式 4-12 上也乘一个相因子 $e^{i\theta}$，得到态 $|B\rangle$：

$$|B\rangle = e^{i\theta}|A\rangle = e^{i\theta}\sum_j \alpha_j |\lambda_j\rangle \qquad (4\text{-}15)$$

注意，我们将指标 i 换成了 j，以防止混淆。很容易看出，$|B\rangle$ 与 $|A\rangle$ 的概率幅相等，因为 $e^{i\theta}$ 的幅度为 1，也就是：

$$\langle B|B\rangle = \langle Ae^{-i\theta}|e^{i\theta}A\rangle = \langle A|A\rangle$$

对于其他的物理量也有类似这样的消法。比如，$|A\rangle$ 的
概率幅 α_j 变成了 $|B\rangle$ 的 $e^{i\theta}\alpha_j$，因此概率会变得不同。而实
际上，概率才具有物理意义，而非概率幅。如果系统处于
$|B\rangle$ 态，并且我们去做一次测量，那么结果为 $|\lambda_i\rangle$ 的某个本
征值的概率为：

$$\alpha_j^* e^{-i\theta} e^{i\theta} \alpha_j = \alpha_j^* \alpha_j$$

这个结果与我们从态 $|A\rangle$ 得到的概率是一样的。下面我们使
用一点技巧来求厄米算符 L 的数学期望值。把公式 4-14 应
用于态 $|B\rangle$ 上，得到：

$$\langle L \rangle = \langle B|L|B \rangle$$

再使用公式 4-15，得到：

$$\langle L \rangle = \langle A e^{-i\theta} |L| e^{i\theta} A \rangle$$

或者

$$\langle L \rangle = \langle A|L|A \rangle$$

换句话说，L 对 $|B\rangle$ 的数学期望值，与对 $|A\rangle$ 的数学期望值相同。承诺兑现。

与经典力学的连接

量子力学中的平均值，或者叫期望值，是最接近于经典力学的物理量了。如果概率分布函数是个漂亮的钟形曲线的话，而且不是很胖的那种钟形，那么期望值就真的是你可以期待出现的测量结果。如果一个东西太大、太重，量子力学就变得不重要了，那力学量的期待值就完全依照经典运动方程来运动了。因此，一个有趣并很重要的事情就是要找出期望值是如何随时间变化的。

首先，它们为什么随时间变化呢？它们之所以变化，是因为态在随时间变化。假设在 t 时刻的态用右矢量 $|\Psi(t)\rangle$ 和左矢量 $\langle\Psi(t)|$ 表示，则力学量 L 在 t 时刻的数学期望为：

$$\langle\Psi(t)|L|\Psi(t)\rangle$$

我们使用它的时间导数，来考察它如何随时间变化，并对 $|\Psi(t)\rangle$ 和 $\langle\Psi(t)|$ 的时间导数使用薛定谔方程。根据导数

的乘法法则，得到：

$$\frac{\mathrm{d}}{\mathrm{d}t}\langle\Psi(t)|L|\Psi(t)\rangle = \langle\dot{\Psi}(t)|L|\Psi(t)\rangle + \langle\Psi(t)|L|\dot{\Psi}(t)\rangle$$

注意函数上面的一点，就像通常约定那样，代表时间导数。L 本身并不显式地依赖于时间，所以它并不会改变，只是一同写在等式中。现在代入左矢量版和右矢量版的薛定谔方程（见公式 4-10），得到：

$$\frac{\mathrm{d}}{\mathrm{d}t}\langle\Psi(t)|L|\Psi(t)\rangle = \frac{\mathrm{i}}{\hbar}\langle\Psi(t)|HL|\Psi(t)\rangle - \frac{\mathrm{i}}{\hbar}\langle\Psi(t)|LH|\Psi(t)\rangle$$

或者更为简洁地写成：

$$\frac{\mathrm{d}}{\mathrm{d}t}\langle\Psi(t)|L|\Psi(t)\rangle = \frac{\mathrm{i}}{\hbar}\langle\Psi(t)|[HL-LH]|\Psi(t)\rangle \qquad （4\text{-}16）$$

如果你对一般的代数很熟悉的话，会觉得公式 4-16 很奇怪，等号右边包含一个组合式 $HL\text{-}LH$，这个组合式一般来说应该为 0 才对。但是线性算符并不是一个通常意义上的数，因为当它们相乘（或者叫依次作用）的时候，要考虑顺序。一般来说，把 H 作用在 $L|\Psi\rangle$ 上得到的结果并不等于 L 作用在

$H|\varPsi\rangle$ 上的结果。换句话说，除了一些特殊情况之外，$HL \neq LH$。给定两个算符或者矩阵，如下组合的表达被称作 L 与 M 之间的对易式（commutator）：

$$LM - ML$$

它使用一个专门的符号来表示：

$$LM - ML = [L, M]$$

值得注意的是，任意一对算符都满足 $[L, M] = -[M, L]$。有了对易式的符号，我们现在可以把公式 4-16 写成更简单的形式：

$$\frac{\mathrm{d}}{\mathrm{d}t}\langle L\rangle = \frac{\mathrm{i}}{\hbar}\langle[H, L]\rangle \qquad (4\text{-}17)$$

或者，等价地表示成：

$$\frac{\mathrm{d}}{\mathrm{d}t}\langle L\rangle = -\frac{\mathrm{i}}{\hbar}\langle[L, H]\rangle \qquad (4\text{-}18)$$

这是一个非常有趣并重要的方程。它表达了力学量 L 的期望值的时间导数与另一个力学量$-\dfrac{\mathrm{i}}{\hbar}[L,H]$的数学期望之间的关系。

Quantum
Mechanics

量子力学练习

练习 4-2: 如果 M 与 L 都是厄米的，证明 $\mathrm{i}[M,L]$ 也是
厄米的。注意其中的 i 很重要，对易式本身
并不是厄米的。

如果我们假设概率分布是一个漂亮的、窄的钟形曲线的话，那么公式 4-18 告诉我们曲线的峰应该如何随时间移动。这是量子力学中最为接近经典力学的方程式了。有时我们甚至可以省略掉这类方程中的尖括号，把它们写成一种更简洁的形式：

$$\frac{\mathrm{d}L}{\mathrm{d}t} = -\frac{\mathrm{i}}{\hbar}[L,H] \qquad (4\text{-}19)$$

但是要记住，这种类型的方程应该是"三明治"的夹心

部分，左边有左矢量$\langle\Psi|$，右边有右矢量$|\Psi\rangle$。另一个理解方式就是：这个方程告诉了我们概率分布的中心是如何运动的。

公式 4-19 看起来是不是很眼熟？如果不熟的话，可以看看《理论最小值：经典力学》的第 9 讲和第 10 讲，在那本书里我们学习了经典力学的泊松括号的公式。在第 229 页你能找到这个方程 [①]：

$$\dot{F} = \{F, H\} \qquad （4\text{-}20）$$

在这个方程中，$\{F, H\}$ 不是对易式，它是泊松括号。但是公式 4-20 看起来与公式 4-19 极其相似。实际上，对易式和泊松括号之间确实有着非常紧密的对应关系，而且它们的代数性质也非常相像。例如，如果 F 和 G 代表算符的话，那么交换算符之间的顺序，泊松括号和对易式都会变符号。狄拉克注意到了这一点，并且认识到这正反映了经典力学与量子力学的数学之间的重要结构性联系。对易式和泊松括号之间形式上的一致性可表示为：

---

① 《理论最小值：经典力学》第 9 讲公式 10，泊松括号为法国人发明的又一个优雅符号。

$$[F,G] \quad \Leftrightarrow \quad i\hbar\{F,G\} \qquad （4\text{-}21）$$

为了有助于对比公式 4-19，我们把这一节中使用的符号 L 与 H 代入其中，得到：

$$[L,H] \quad \Leftrightarrow \quad i\hbar\{L,H\} \qquad （4\text{-}22）$$

让我们尽可能清楚地反映出这个一致性。如果我们从公式 4-19 开始代入 L 和 H，也就是：

$$\frac{\mathrm{d}L}{\mathrm{d}t} = -\frac{i}{\hbar}[L,H]$$

使用式 4-22 的转换关系写出经典的类比，结果为：

$$\frac{\mathrm{d}L}{\mathrm{d}t} = -\frac{i}{\hbar}\left(i\hbar\{L,H\}\right)$$

也就是：

$$\frac{\mathrm{d}L}{\mathrm{d}t} = \{L,H\}$$

这完全符合公式 4-20 的模式。

量子力学练习

练习 4-3： 回到《理论最小值：经典力学》中泊松括号
的定义，并检查公式 4-21 的转换关系是否
保持了量纲的一致性。证明如果没有 ℏ 就无
法做到一致。

公式 4-21 解开了一个谜团，在经典物理学中，*FG* 和
GF 之间没有差别。换言之，经典力学中一般力学量之间的
对易式是 0。从公式 4-21，我们看到，量子力学中的对易式
虽不是 0，但是也非常小。在 ℏ 可以忽略的情况下，经典极
限（在这个极限下，经典力学还是精确的）也对应 ℏ 可以忽
略的情况。因此，在以人类单位来衡量的极限下，对易式是
非常小的。

能量守恒

在量子力学中，我们怎么知道一个物理量是守恒的呢？以力学量 Q 为例，当我们说它守恒时，又是什么意思呢？我们最起码也得要求 $\langle Q \rangle$ 的数值不随时间变化（当然这个系统也不能被外部干扰）。如果将要求提高一点的话，可以要求 $\langle Q^2 \rangle$（或者是 Q 的任意次幂的平均值）也不随时间变化。

看一看公式 4-19，可以看到 $\langle Q \rangle$ 不变的条件是：

$$[Q, H] = 0$$

换句话说，如果一个物理量与哈密顿量之间是对易的，那么它的平均值就是守恒的。我们可以让这个陈述变得充分。根据对易式的性质很容易看出，如果 $[Q, H] = 0$，那么 $\left[Q^2, H \right] = 0$。或者更一般地说，对于任何一个 n，都有 $\left[Q^n, H \right] = 0$。结果就是我们可以做出一个更充分的结论：如果 Q 与哈密顿量对易，那么 Q 所有函数的平均值都是守恒的。这就是量子力学中守恒量的含义。

最为明显的守恒量就是哈密顿量自身了，显然任何算符和自身都是对易的，可以写作：

$$[H, H] = 0$$

这个正是 H 守恒的条件。就像在经典力学中那样，哈密顿量是系统能量的代名词，它是能量的一个定义。我们看到，量子力学中，在非常宽泛的条件下，能量都是守恒的。

磁场中的自旋

如果我们要尝试写出单自旋系统的哈密顿运动方程，那么首先需要写出的就是它的哈密顿量。从哪里入手好呢？一般来说，和经典物理学中的方法是一样的，就是从实验中推导出来，或者从某个我们喜欢的理论中借用一个，甚至可以先选一个然后再验证它对不对。但在自旋这个问题上，我们没有太多选择。我们从单位算符 I 入手，显然 I 与所有的算符都对易，如果让它做哈密顿量，那么没有什么东西会随时间改变了。记住，力学量的时间依赖来自力学量与哈密顿量之间的对易式。

此外的唯一选择就是自旋分量的求和。实际上，它正是我们通过实验观测一个真实的自旋得到的结果，比如磁场中一个电子的自旋。磁场 $\vec{B}$ 是一个 3-矢量，也就是一般空间中的矢量，它有三个笛卡尔分量，即 B_x、B_y、B_z。当把一个经典自旋（带电的转子）放入磁场中时，它的能量取决于它的指向，也就是能量与自旋和磁场的点积成正比。它的量子力学版本就是：

$$H \sim \vec{\sigma} \cdot \vec{B} = \sigma_x B_x + \sigma_y B_y + \sigma_z B_z$$

其中的"$\sim$"是"正比"的意思，记住，σ_x、σ_y、σ_z 代表的是量子力学版本的自旋算符的分量。

我们举一个简单的例子，其中磁场的方向指向 z 轴方向，在这种情况下，哈密顿量与 σ_z 成正比。为了方便，我们把除 $\hbar$ 外的常数，包括磁场强度都吸收进一个常数 ω 之中，这样就能写出：

$$H = \frac{\hbar\omega}{2}\sigma_z \tag{4-23}$$

很快你就会明白为什么分母中有个 2 了。

我们的目标是找出自旋的期望值是如何随时间改变的，换句话说就是算出 $\langle \sigma_x(t) \rangle$、$\langle \sigma_y(t) \rangle$、$\langle \sigma_z(t) \rangle$。为了做到这一点，我们必须回到公式 4-19，然后代入 L 的这些分量，得到：

$$\langle \dot{\sigma_x} \rangle = -\frac{i}{\hbar} \langle \left[\sigma_x, H \right] \rangle$$

$$\langle \dot{\sigma_y} \rangle = -\frac{i}{\hbar} \langle \left[\sigma_y, H \right] \rangle \qquad （4-24）$$

$$\langle \dot{\sigma_z} \rangle = -\frac{i}{\hbar} \langle \left[\sigma_z, H \right] \rangle$$

将公式 4-23

$$H = \frac{\hbar\omega}{2} \sigma_z$$

代入得到：

$$\langle \dot{\sigma_x} \rangle = -\frac{i\omega}{2} \langle \left[\sigma_x, \sigma_z \right] \rangle$$

$$\langle \dot{\sigma_y} \rangle = -\frac{i\omega}{2} \langle \left[\sigma_y, \sigma_z \right] \rangle \qquad （4-25）$$

$$\langle \dot{\sigma_z} \rangle = -\frac{i\omega}{2} \langle \left[\sigma_z, \sigma_z \right] \rangle$$

在等号左边，我们正在计算的这些东西应该是一个实数，所以等式中的 i 看起来是个麻烦。幸好，σ_x、σ_y、σ_z 之间的对易关系会为我们节省很多时间，把公式 3-20 的泡利矩阵代入其中，很容易证明：

$$\left[\sigma_x, \sigma_y\right] = 2\mathrm{i}\sigma_z$$
$$\left[\sigma_y, \sigma_z\right] = 2\mathrm{i}\sigma_x \qquad (4\text{-}26)$$
$$\left[\sigma_z, \sigma_x\right] = 2\mathrm{i}\sigma_y$$

这些等式中也都有一个 i，它会消掉 4-25 式中的 i。值得注意的是 2 也被消掉了，结果得到了一组非常简单的方程：

$$\left\langle \dot{\sigma}_x \right\rangle = -\omega \left\langle \sigma_y \right\rangle$$
$$\left\langle \dot{\sigma}_y \right\rangle = -\omega \left\langle \sigma_x \right\rangle \qquad (4\text{-}27)$$
$$\left\langle \dot{\sigma}_z \right\rangle = 0$$

这看起来熟悉吗？如果不熟悉的话，回到《理论最小值：经典力学》的第 10 讲去，我们研究过磁场中的经典转子。除了变成求解期望值之外，这些方程是完全一样的，我们求解过决定论版本对应系统的真实运动。无论在这边还是在那边，结果都是一个 3-矢量算子 $\vec{\sigma}$（在《理论最小值：经典力学》中是一个 3-矢量 $\vec{L}$）像陀螺仪一样沿着磁场的方向在进动。而且这个进动是均匀的，角速度为 ω。

与经典力学之间如此高度的相似是非常令人愉快的，但是注意两者之间的差别还是很重要的。严格来说，什么是进动？在经典力学中，它就是角动量在 x 轴和 y 轴方向的分量。在量子力学中，它是一个期望值。σ_z 测量结果的期望值是不随时间变化的，但是另外两个期望值会变。无论如何，对自旋分量的单次测量结果依然只能是 +1 或者 -1。

量子力学练习

练习 4-4：证明公式 4-26 的对易关系。

求解薛定谔方程

作为量子力学标志的、出现在文化衫上的薛定谔方程经常被写成下面的形式：

$$i\hbar\frac{\partial\Psi(x)}{\partial t}=-\frac{\hbar^2}{2m}\frac{\partial^2\Psi(x)}{\partial x^2}+U(x)\Psi(x)$$

在这一点上，我们不用担心这些符号的意义。但还是要注意一下，这个方程告诉我们某个东西在随时间改变（这里的"某个东西"指的是一个粒子的态矢量）。

这个标志性的薛定谔方程是更一般方程的一个特例，也就是我们已见过的公式 4-9 的特例。它部分算是定义，部分算是个量子力学的公理。作为公理，它告诉我们态矢量在保持幺正性的同时会连续地随时间变化。作为定义，它定义了哈密顿量，而这个力学量叫作能量。公式 4-10 有时也被称作含时薛定谔方程：

$$\hbar \frac{\partial |\Psi\rangle}{\partial t} = -iH|\Psi\rangle$$

因为哈密顿量算符 H 代表能量，而能量的可观测值正是 H 的本征值。让我们把这些本征值称为 E_j，而它们对应的本征矢量是 $|E_j\rangle$，根据定义，H、E_j 与 $|E_j\rangle$ 的关系满足本征值方程：

$$H|E_j\rangle = E_j|E_j\rangle \qquad (4\text{-}28)$$

这个方程叫定态薛定谔方程 ①，它有两种不同用法。

———————————

① "定态"的英文为 time-independent，其本义是"与时间无关的"，方程中也没有包含时间的变量。在量子力学中，使用"定态"这个词更符合习惯，而不是使用与"含时"相对应的"不含时"。——译者注

如果我们使用某个特定的矩阵基底，那么这个方程决定了 H 的本征矢量。总可以先给定一个特定的能量值 E_j，然后通过求解方程的方法来找到右矢量 $\left|E_j\right\rangle$。

它也是决定本征值 E_j 的一个方程，如果你随便设定一个 E_j 的值的话，通常不一定会存在一个对应的本征矢量的解。举一个非常简单的例子，假设哈密顿量是矩阵 $\frac{\hbar\omega}{2}\sigma_z$，显然 σ_z 只有两个本征值，就是 ± 1，哈密顿量也就只有两个本征值：$\pm\frac{\hbar\omega}{2}$。如果你使用任何其他的数值放入等号的右边，公式 4-28 都会无解。因为算符 H 代表能量，我们经常把 E_j 叫作系统的能量本征值，而把 $\left|E_j\right\rangle$ 叫作系统的能量本征矢量。

量子力学练习

练习 4-5： 取任意一个 3-矢量 $\vec{n}$，并做一个算符

$$H = \frac{\hbar\omega}{2}\sigma\cdot\vec{n}$$

根据含时薛定谔方程，求能量本征值和本征矢量。回想公式 3-23，它告诉我们 $\sigma\cdot\vec{n}$ 的分量形式。

让我们假设已经找到了所有的能量本征值 E_j 和对应的本征矢量 $\left|E_j\right\rangle$，现在可以使用这些信息来求解含时薛定谔方程了。技巧在于利用本征矢量已经构成了一套正交基底这一点，将态矢量在这套基底上展开。我们把态矢量叫作 $\left|\Psi\right\rangle$，并写作：

$$\left|\Psi\right\rangle = \sum_j \alpha_j \left|E_j\right\rangle$$

由于态矢量 $\left|\Psi\right\rangle$ 随时间变化，但是基底 $\left|E_j\right\rangle$ 并不变，这就说明 α_j 必须是依赖时间的：

$$\left|\Psi(t)\right\rangle = \sum_j \alpha_j(t) \left|E_j\right\rangle \qquad (4\text{-}29)$$

现在把公式 4-29 装入含时方程中去，结果如下：

$$\sum_j \dot{\alpha}_j(t) \left|E_j\right\rangle = -\frac{\mathrm{i}}{\hbar} H \sum_j \alpha_j(t) \left|E_j\right\rangle$$

然后使用等式：

$$H\big|E_j\big\rangle = E_j\big|E_j\big\rangle$$

得到：

$$\sum_j \dot{\alpha}_j(t)\big|E_j\big\rangle = -\frac{\mathrm{i}}{\hbar}\sum_j E_j\alpha_j(t)\big|E_j\big\rangle$$

或者重新组织为：

$$\sum_j \left\{\dot{\alpha}_j(t) + \frac{\mathrm{i}}{\hbar}E_j\alpha_j(t)\right\}\big|E_j\big\rangle = 0$$

最后这一步是很容易看出来的，如果基底矢量的和为 0 的话，每一个系数一定是 0。因此，对于每一个本征值，E_j 与 $\alpha_j(t)$ 都要满足简单的微分方程：

$$\frac{\mathrm{d}\alpha_j(t)}{\mathrm{d}t} = -\frac{\mathrm{i}}{\hbar}E_j\alpha_j(t)$$

当然，这是一个非常常见的微分方程，对应一个指数函数解。在本例中，它是一个虚的指数函数，解为：

$$\alpha_j(t) = \alpha_j(0)\mathrm{e}^{-\frac{\mathrm{i}}{\hbar}E_j t} \qquad (4\text{-}30)$$

这个方程表明了 α_j 是如何随时间变化的。这个结果对于不显含时间的哈密顿量系统来说是普遍的，并不局限于自旋问题。这是第一个深刻揭示能量与频率之间联系的例子，它在量子力学和量子场论中反复出现。我们还会经常讲到这点。

在公式 4-30 中，$\alpha_j(0)$ 是系统在零时刻的系数。如果我们知道了零时刻的态矢量 $|\Psi\rangle$，那么系数就是 $|\Psi\rangle$ 在基底本征矢量上的投影。我们把这一点写作：

$$\alpha_j(0) = \langle E_j | \Psi(0)\rangle \qquad (4\text{-}31)$$

现在，把所有的这些都结合在一起，得到一个完整的含时薛定谔方程的解：

$$|\Psi(t)\rangle = \sum_j \alpha_j(0)\mathrm{e}^{-\frac{\mathrm{i}}{\hbar}E_j t}|E_j\rangle$$

当我们使用方程 4-31 来代替 $\alpha_j(0)$ 时，这个方程变成：

$$|\Psi(t)\rangle = \sum_{j} \langle E_{j}|\Psi(0)\rangle e^{-\frac{i}{\hbar}E_{j}t}|E_{j}\rangle \qquad (4\text{-}32)$$

公式 4-32 可以写得更漂亮一些：

$$|\Psi(t)\rangle = \sum_{j}|E_{j}\rangle\langle E_{j}|\Psi(0)\rangle e^{-\frac{i}{\hbar}E_{j}t} \qquad (4\text{-}33)$$

  这也强调了我们是在对所有基底矢量求和，你可能想知道我们如何能正好"知道" $|\Psi(0)\rangle$ 是多少，答案是依靠环境。但是通常我们假设可以使用一些仪器来把系统制备到一个已知的态上。

  在我们讨论这个方程的更大意义之前，我们想要把这个内容整理成一个"配方"，我假设你对系统和它起始的态已经了解得足够多了。

薛定谔右矢的配方

1. 推导、查书、猜、借，甚至偷一个哈密顿算符 H 来。

2. 准备一个初始态 $|\Psi(0)\rangle$。

3. 通过求解定态薛定谔方程

$$H\left|E_j\right> = E_j\left|E_j\right>$$

找出 H 的本征值和本征矢量。

4. 使用初始的态矢量 $\left|\Psi(0)\right>$，在步骤 3 中的本征态的方向上求出初始系数 $\alpha_j(0)$：

$$\alpha_j(0) = \left<E_j\middle|\Psi(0)\right>$$

5. 使用本征矢量 $\left|E_j\right>$ 和初始系数 $\alpha_j(0)$，重新写出 $\left|\Psi(0)\right>$，得到：

$$\left|\Psi(0)\right> = \sum_j \alpha_j(0)\left|E_j\right>$$

到目前为止，我们所进行的就是把初始态矢量 $\left|\Psi(0)\right>$ 展开成 H 的本征矢量 $\left|E_j\right>$ 的过程。为什么这套基底要比其他的好呢？因为 H 告诉我们系统是如何随时间演化的。现在我们开始使用这些知识。

6. 把上述等式中的每一个 $\alpha_j(0)$ 都用 $\alpha_j(t)$ 代替，这样就得到了系统对时间的依赖性质。结果 $|\Psi(0)\rangle$ 变成了 $|\Psi(t)\rangle$：

$$|\Psi(t)\rangle = \sum_j \alpha_j(t)|E_j\rangle$$

7. 使用公式 4-30，把每一个 $\alpha_j(t)$ 替换成 $\alpha_j(0)\mathrm{e}^{-\frac{\mathrm{i}}{\hbar}E_j t}$，得到：

$$|\Psi(t)\rangle = \sum_j \alpha_j(0)\mathrm{e}^{-\frac{\mathrm{i}}{\hbar}E_j t}|E_j\rangle \qquad （4\text{-}34）$$

8. 依个人口味加调味料。

我们现在可以预测实验结果中每一种可能输出的概率了，这并不仅仅限于对能量的测量。假设 L 有本征值 λ_j 和本征矢量 $|\lambda_j\rangle$，那么得到 λ 的概率为：

$$P_\lambda(t) = \left|\langle \lambda | \Psi(t)\rangle\right|^2$$

量子力学练习

练习 4-6: 对单自旋系统使用薛定谔右矢量的算法。哈
密顿量是 $H = \dfrac{\omega\hbar}{2}\sigma_z$,而最后的力学量是 σ_x,
给定初始态为 $|u\rangle$(这个态对应 $\sigma_z = +1$)。
我们在 t 时间之后,做了一个测量 σ_y 的实验。
可能的输出结果有哪些?这些结果出现的概
率又是多少?

恭喜你!你现在已经解决了一个真正的量子
力学问题,你可以在实验室里实现这个实
验。这值得自豪。

坍缩

我们已经看到了,从系统被制备好的时刻到它接触仪器
被测量出来的时刻之间,态矢量是如何演化的。如果态矢量
就是实验物理的关键的话,我们可能会说量子力学也是基于
决定论的,但物理实验并不是在测量态矢量,而是在测量力
学量。即便我们已经确切地知道了态矢量,还是不能知道一

个给定测量的结果。然而，根据含时薛定谔方程，恰当的说法是在两次测量之间的系统演化是完全确定的。

但是一旦做了测量，情况就不同了。一个测量 L 的实验，将会给出一个无法预测的结果，但是在测量之后，系统被留在了 L 的某个本征矢量上。哪一个本征矢量？就是对应测量结果的那一个。但是这些结果又是无法预测的，所以这就意味着：一次实验让系统的态以无法预测的方式跳到了被测量的那个力学量的本征态上。这一现象叫作波函数的坍缩（collapse）[①]。

用另一种方式来介绍，假设在测量 L 之前的态矢量为：

$$\sum_j \alpha_j \left| \lambda_j \right\rangle$$

那么仪器随机地测到了 λ_j，这个概率为 $\left| \alpha_j \right|^2$，并且系统也被留在了 L 的这个本征态上，也就是 $\left| \lambda_j \right\rangle$。原来完全叠加的态坍缩到了某个单一项上。

这样的事实让人感觉很奇怪。人们为此已经争论、困惑

---

① 我们还没有解释什么是波函数，但是很快在第 5 讲中就会讲到。

了几十年：为什么系统在两次测量之间是一种演化方式，而在测量过程中却是另一种演化方式？这也引出了另一个问题：测量本身不应该由量子力学的定律来描述吗？

当然可以。量子力学的定律并没有停在测量的时刻。但是为了考察一次测量本身的量子力学演化过程，我们必须考虑整个实验的设置，包括仪器，构成一个更大的量子系统。我们会在第 6 讲中讨论，简单系统是如何构成复合系统的。但首先我们会讲一点关于不确定性的内容。

Quantum Mechanics

第 5 讲

不确定性与时间依赖

Lecture 5
Uncertainty and Time Dependence

Quantum
Mechanics

莱尼：晚上好！将军，很高兴再次见到您。

将军：莱尼？是你吗？有多久不见啦，真是太久了，这是你的朋友？

莱尼：他叫阿特。阿特，握个手吧，这位是不确定将军（General Uncertainty）。

数学补充: 对易变量的完全集

与多个可测量相关的态

单自旋的物理是简单的，也正是这一点，它非常合适作为一个讲解用的例子。但同时也意味着它在很多方面都存在严重的局限。单自旋的一个特性是：它的态可以完全通过一个算符的本征值确定下来，比如 σ_z。不过一旦 σ_z 的值确定下来，那么其他力学量，比如 σ_x，就无法确定了。正如我们在前面看到的那样，对一个量的任何测量都将摧毁我们获得的其他力学量的信息。

但是对于更加复杂的系统来说，我们就可以找到相互兼容的多个力学量。也就是说，这些量的值可以同时确定。这里举两个例子。

● **在三维空间运动的一个粒子**。这个系统的态的基底

由粒子的位置确定，也就是三个空间坐标。这样我们可以使用这三个数值确定一个态 $|x, y, z\rangle$。后面我们能够看到，这三个空间坐标是可以同时被确定下来的。

● **由两个相互独立的自旋组成的系统**，也就是一个双量子比特系统。后边我们会看到如何造出更大的复合系统，但目前我们只能说这个双自旋系统通过两个力学量来描述。也就是说，我们可以有如下这些态：两个都是向上的，或者都是向下的，第一个向上、第二个向下，或者反过来。为了更简洁地描述，我使用两个力学量来表述这个双自旋系统，即第一个自旋的分量和第二个自旋的分量。量子力学并不禁止同时测量这两个力学量。实际上，也可以选择两个自旋的任意分量。量子力学允许同时测量这两者。

在这种情况下，我们需要通过多次测量才能完全确定这个系统处于哪个态上。比如，在双自旋系统中，我们要分别测量每一个自旋，然后把这两个测量分别对应到两个算符上。我们把这两个算符称作 L 和 M。

做一次测量会把系统留在某一个本征态上（由单个本征

矢量组成），该态对应测量得到的那个数值（本征值）。如果我们测量双自旋系统中每个自旋的话，系统就被置于一个既是 L 的本征矢量又是 M 的本征矢量的态上，我们把它叫作 L 与 M 的共同本征矢量。

这个双自旋系统给了我们一个具体的、可以用来思考的例子，但是请牢记，我们的结果更具一般性，可以用在由任意两个不同算符确定的系统上。而且你可能已经猜出来了，2 并不是一个特殊的数字，我们这里所用的思路可以应用到更多的算符上，推广到更大的系统中去。

为了在两套兼容的算符下工作，需要带两个标记的集合作为它们的基底矢量，我们将用 λ_i 和 μ_a 来标记，符号 λ_i 和 μ_a 是 L 和 M 的本征值。下标 i 和 a 可以取值为 L 和 M 所有可能的测量结果。假设有一个基底矢量是 $|\lambda_i, \mu_a\rangle$，它是两个力学量的本征矢量，也就是说：

$$L|\lambda_i, \mu_a\rangle = \lambda_i |\lambda_i, \mu_a\rangle$$
$$M|\lambda_i, \mu_a\rangle = \mu_a |\lambda_i, \mu_a\rangle$$

为了让方程更简洁、易读，我们有时会省略掉角标，变成：

$$L|\lambda, \mu\rangle = \lambda|\lambda, \mu\rangle$$
$$M|\lambda, \mu\rangle = \mu|\lambda, \mu\rangle$$

不难看出，为了使用共同的本征矢量做基底，算符 L 与 M 必须是可对易的。为此我们用 LM 作用在任意的基底矢量上，然后利用基底矢量对于两个算符都是本征矢量这一点，得到：

$$LM|\lambda, \mu\rangle = L\mu|\lambda, \mu\rangle$$

或者

$$LM|\lambda, \mu\rangle = \lambda\mu|\lambda, \mu\rangle$$

本征值 λ 和 μ 都是数字，所以先乘哪一个都无所谓。因此，即使颠倒算符的顺序，让 ML 作用在同一个基底上，还是会得到相同的结果：

$$LM|\lambda, \mu\rangle = ML|\lambda, \mu\rangle$$

或者，写成更简洁的形式：

$$[L, M]|\lambda, \mu\rangle=0 \qquad (5\text{-}1)$$

方程的右边是零矢量。如果这个结果只对特殊的基底有效的话，那也没有太多的用处。但如果公式 5-1 对于任何基底都是有效的，这就足以得出算符 $[L, M]=0$。如果一个算符能够让所有的基底为 0，那么它也一定能让矢量空间的任何一个矢量为 0①。一个让所有矢量变成 0 的算符不就是零算符么。由此我们证明了：如果两个力学量的共同本征矢量具有完备的基底，这两个力学量之间必须是对易的。反之，这个结果也是正确的，即如果两个力学量是对易的，则存在一个共同本征矢量的完备基底。简而言之，两个物理量可以被同时测量的条件就是，它们相互对易。

正如前面提到的那样，这个定理实际上更具一般性。你可能需要使用一大堆力学量来完备地标记出整个系统的基底。无论需要多少个力学量，它们之间必须都是相互对易的，我们称这个集合为力学量完全集（complete set of commuting observables）。

---

① 你知道这是为什么吗？

波函数

现在我们要介绍一个概念：波函数。眼下先忘记它的名字，量子波函数与波动可以完全无关。后面我们会研究粒子运动的量子力学（第 8 讲至第 10 讲），那时我们将讲到波函数与波之间的联系。

假设我们已经有了某个量子系统的一组态基底，并把这些正交基底矢量记为 $|a, b, c, \cdots\rangle$，其中的 $a, b, c, \cdots$ 是力学量完全集中的 $A, B, C, \cdots$ 的本征值。现在考虑一个任意的态矢量 $|\Psi\rangle$，由于 $|a, b, c, \cdots\rangle$ 是正交基底，$|\Psi\rangle$ 可以按照它们展开，得到：

$$|\Psi\rangle = \sum_{a, b, c, \cdots} \psi(a, b, c, \cdots)|a, b, c, \cdots\rangle$$

$\psi(a, b, c, \cdots)$ 就是展开的系数，每一个系数等于 $|\Psi\rangle$ 与某一个基底矢量的内积：

$$\psi(a, b, c, \cdots) = \langle a, b, c, \cdots|\Psi\rangle \qquad (5\text{-}2)$$

$\psi(a, b, c, \cdots)$ 就叫作由力学量 $A, B, C, \cdots$ 的基底所构成的系

统的波函数。公式 5-2 给出了波函数的数学定义，虽然有点
抽象和形式化，但它的物理意义非常重要。根据量子力学的
基本概率原理，波函数幅度的平方就等于得到结果 $a, b, c, \cdots$
的概率：

$$P(a, b, c, \cdots) = \psi^*(a, b, c, \cdots)\psi(a, b, c, \cdots)$$

波函数的形式取决于我们将要选择哪些力学量。这是因
为计算两个不同的力学量依赖于基底矢量的不同集合。举例
来说，对于单自旋的情况，以 σ_z 为基底定义的波函数的内
积是：

$$\psi(u) = \langle u | \Psi \rangle$$

以及

$$\psi(d) = \langle d | \Psi \rangle$$

而以 σ_x 为基底定义的波函数的内积是：

$$\psi(r) = \langle r | \Psi \rangle$$

以及

$$\psi(l) = \langle l | \Psi \rangle$$

波函数的一个重要的特征是全部概率之和应该为 1，即

$$\sum_{a,\,b,\,c,\,\cdots} \psi^*(a, b, c, \cdots)\psi(a, b, c, \cdots) = 1$$

关于术语

在本书中，作为术语使用的波函数是指系数（也叫分量）的集合，而系数就是本征函数展开时乘在基底前面的数。例如，我们展开态矢量 $|\Psi\rangle$ 时，得到：

$$|\Psi\rangle = \sum_j \alpha_j |\psi_j\rangle$$

其中 $|\psi_j\rangle$ 是厄米算符的正交本征矢量，系数 α_j 的集合就是我们说的波函数，也就是前面的 $\psi(a, b, c, \cdots)$。当态矢量表示成积分而不是求和的时候，波函数也就是连续的，而不再是离散的了。

到现在为止，我们仔细地区分了波函数和态矢量 $|\psi_j\rangle$。这是通常使用的约定。但是一些作者会把态矢量叫成波函数，这种不一致会让你感到困惑，不过当你认识到波函数真的能代表态矢量时，这种困惑可能会减少一些。把系数 α_j 看作态矢量在特定正交基底下的坐标是有道理的。这类似于说，笛卡尔坐标代表的是某个选定坐标系空间中的一个点。为了避免这种困惑，需要注意使用的是哪种约定。在本书中，我们通常使用大写字母来表示态矢量，比如 Ψ，而用小写字母，比如 ψ，来表示波函数。

测量

让我们回到测量的概念。假设我们在一次测量中使用了两个量 L 和 M，系统将被置于这两个力学量的一个共同本征态上，正如我们在前面看到的，这意味着 L 和 M 必须是对易的。

但如果它们不是对易的会怎么样呢？一般来说，我们就不可能同时确切地知道两者。稍后，我们会以海森堡不确定性原理的形式，更为定量地描述这一点，而海森堡不确定性原理是一个特例。

再次回到我们的"试金石"——单自旋系统上。自旋的任意一个力学量都可以表示成 2×2 的厄米矩阵，并且具有如下形式：

$$\begin{pmatrix} r & w \\ w^* & r' \end{pmatrix}$$

它的对角元素是实数，而另外的两个互为复共轭，这意味正好需要 4 个参数来决定这个力学量。实际上，有一个简洁的方法可以表达出自旋的力学量，就是使用泡利矩阵 σ_x、σ_y、σ_z 加上一个单位矩阵 I。你应该记得：

$$\sigma_x = \begin{pmatrix} 0 & 1 \\ 1 & 0 \end{pmatrix}$$

$$\sigma_y = \begin{pmatrix} 0 & -i \\ i & 0 \end{pmatrix}$$

$$\sigma_z = \begin{pmatrix} 1 & 0 \\ 0 & -1 \end{pmatrix}$$

$$I = \begin{pmatrix} 1 & 0 \\ 0 & 1 \end{pmatrix}$$

任何一个 2×2 的厄米矩阵 L 都能写成这几项的和：

$$L = a\sigma_x + b\sigma_y + c\sigma_z + dI$$

其中 a、b、c 和 d 都是实数。

Quantum
Mechanics

量子力学练习

练习 5-1： 验证这个结论。

单位算符 I 也是一个力学量，因为它是厄米的，只不过是非常无趣的一个。这个平凡的力学量只有一个可能的取值，就是 1，而且所有的态矢量都是它的本征态。如果我们忽略它的话，那么一般的测量结果就是三个分量 σ_x、σ_y、σ_z 的叠加了。任意一对自旋分量都能同时被测量吗？答案是只有在它们相互对易的时候才行。这些自旋分量的对易式并不难计算，只需要把两个矩阵颠倒顺序相乘，再相减即可。

我们在公式 4-26 中列出的对易关系如下：

$$[\sigma_x, \sigma_y] = 2\mathrm{i}\sigma_z$$
$$[\sigma_y, \sigma_z] = 2\mathrm{i}\sigma_x$$
$$[\sigma_z, \sigma_x] = 2\mathrm{i}\sigma_y$$

上述式子直接告诉了我们两个自旋分量是不能同时被测量的，因为右边都不是 0。实际上，沿着任何轴，两个自旋分量都不能被同时测量。

海森堡不确定性原理

不确定性是量子力学的重要特征之一，但并不意味着每次测量的结果都是不确定的。如果一个系统处于一个力学量的本征态，那么对于这个力学量的测量就不会存在不确定性。但是对于某些力学量来说，无论处于什么态都有不确定性，如果这个态恰巧是一个厄米算符 A 的本征矢量，那它就不可能同时是其他任何一个与 A 不对易的算符的本征矢量。结果就是，在 A 与 B 不对易的假定下，两者中无论哪一个总有一个是不确定的，或者两者都是不确定的。

一个标志性的例子就是海森堡不确定性原理，它的初始形式就是用来处理粒子的位置与动量这一对关系的。但海森堡的思想可以扩展为一个更普遍的原理，它可以应用在任意两个力学量上，只要它们是彼此不对易的。同一个自旋的两个分量之间就是一个例子，现在我们已经有了推导一般形式下海森堡不确定性原理的全部要素。

不确定性的含义

如果我们想要量化不确定性，那么我们需要非常确切地明白所谓不确定性指的是什么。假设我们用 a 代表可测量 A 的本征值，对于给定一个态 $|\Psi\rangle$，总可以计算出概率分布 $P(a)$，那么 A 的数学期望就是通常意义的平均值：

$$\langle\Psi|A|\Psi\rangle = \sum_a aP(a)$$

粗略地讲，这个式子描述了以数学期望为中心的概率分布 $P(a)$，而我们所说的"A 具有的不确定度"就是指标准差。为了计算这个所谓的标准差，先要从 A 中减去它的数学期望值。我们定义新算符 $\overline{A}$ 为：

$$\overline{A} = A - \langle A\rangle$$

通过这种方式，我们在一个算符中减掉它的期望值。这并没有说清楚它的全部意义。我们进一步分析，数学期望本身是个实数，每个实数也都是一个算符，是一个与恒等算符或者单位算符 I 成正比的算符。为了更清楚地看到这一点，我们可以写成更为完整的形式：

$$\overline{A} = A - \langle A \rangle I$$

$\overline{A}$ 的概率分布与 A 平移之后的分布完全一样，不过 $\overline{A}$ 的平均值为 0，$\overline{A}$ 的本征矢量和 A 相同，而它的本征值也只是进行了平移，所以本征值的平均值也是 0。换句话说，$\overline{A}$ 的本征值就是：

$$\overline{a} = a - \langle A \rangle$$

而 A 的不确定度的平方（标准差）可以定义为 $(\Delta A)^2$，具体形式是：

$$(\Delta A)^2 = \sum_a \overline{a}^{\,2} P(a) \tag{5-3}$$

或者

$$(\Delta A)^2 = \sum_a (a - \langle A \rangle)^2 P(a) \tag{5-4}$$

也可以写作：

$$(\Delta A)^2 = \left\langle \Psi \left| \overline{A}^2 \right| \Psi \right\rangle$$

如果 A 的期望值是 0，那么不确定度 ΔA 取更为简单的形式：

$$(\Delta A)^2 = \left\langle \Psi \left| A^2 \right| \Psi \right\rangle$$

换言之，不确定度的平方就是算符 A^2 的平均值。

三角不等式与柯西－施瓦茨不等式

海森堡不确定性原理就是一个不等式，即 A 和 B 不确定度的乘积要大于某个基于它们的对易式的量。这个基本的数学不等式就是我们熟知的三角不等式，即在任何矢量空间中，三角形一条边的长度总是要小于另外两条边的长度之和。于是对于实矢量空间，我们可以导出：

$$|X||Y| \geqslant |X \cdot Y| \qquad (5\text{-}5)$$

根据三角不等式，有：

$$|X|+|Y| \geqslant |X+Y|$$

三角不等式当然是通过三角形的几何性质得到的，但实际上它更具普遍性，可以应用于更多类型的矢量空间。看看图 5-1，你应该就能明白这一点。在图平面中的几何矢量分别是三角形不同的边，三角不等式表面上说的是两边之和大于第三条边，实际上它反映的思想是，连接两点之间的路径中，直线最短。在点 1 和点 3 之间最短的路径就是 $\vec{Z}$ 边，另外两条边之和一定更长。

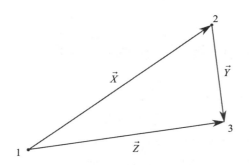

图 5-1　三角不等式

注：矢量 $\vec{X}$ 和 $\vec{Y}$ 的长度之和一定大于或者等于矢量 $\vec{Z}$ 的长度。（两点之间直线最短。）

三角不等式的表达方式不止一种，我们从最基本的定义开始，下面我们要进入需要的形式了。我们知道：

$$|X| + |Y| \geqslant |Z|$$

如果把 X 和 Y 都想象成矢量，那么上式的求和就可以写作：

$$\left|\vec{X}\right| + \left|\vec{Y}\right| \geqslant \left|\vec{X} + \vec{Y}\right|$$

对这个式子求平方：

$$\left|\vec{X}\right|^2 + \left|\vec{Y}\right|^2 + 2\left|\vec{X}\right|\left|\vec{Y}\right| \geqslant \left|\vec{X} + \vec{Y}\right|^2$$

不等式的右边可以展开为：

$$\left|\vec{X} + \vec{Y}\right|^2 = \left|\vec{X}\right|^2 + \left|\vec{Y}\right|^2 + 2\left(\vec{X} \cdot \vec{Y}\right)$$

为什么呢？因为 $\left|\vec{X} + \vec{Y}\right|^2$ 正是 $\left(\vec{X} + \vec{Y}\right) \cdot \left(\vec{X} + \vec{Y}\right)$，把这些结果结合在一起之后，得到：

$$\left|\vec{X}\right|^2 + \left|\vec{Y}\right|^2 + 2\left|\vec{X}\right|\left|\vec{Y}\right| \geqslant \left|\vec{X}\right|^2 + \left|\vec{Y}\right|^2 + 2\left(\vec{X} \cdot \vec{Y}\right)$$

现在我们在方程两边减掉 $\left|\vec{X}\right|^2 + \left|\vec{Y}\right|^2$，再除以 2，剩下的就是：

$$\left|\vec{X}\right|\left|\vec{Y}\right| \geqslant \vec{X} \cdot \vec{Y} \qquad (5\text{-}6)$$

这是三角不等式的另一个形式，它说的正是给定两个矢量 $\vec{X}$ 和 $\vec{Y}$，那么它们长度的乘积一定大于或者等于它们的点积。这并不让人感到意外，该点积定义为：

$$\vec{X} \cdot \vec{Y} = \left|\vec{X}\right|\left|\vec{Y}\right|\cos\theta$$

其中 θ 是两个矢量的夹角，但我们知道一个角度余弦的取值范围总是 $-1 \sim +1$，所以等号右边一定小于或等于 $\left|\vec{X}\right|\left|\vec{Y}\right|$，这在二维、三维，乃至任意维度都是成立的，甚至对于复矢量空间也是成立的。一般来说，对于任意的矢量空间，只要矢量的长度可以定义成矢量与自己内积的平方根，这个不等式就是成立的。下面我们使用公式 5-6 的平方形式：

$$\left|\vec{X}\right|^2\left|\vec{Y}\right|^2 \geqslant \left(\vec{X} \cdot \vec{Y}\right)^2$$

或者

$$\left|\vec{X}\right|^2\left|\vec{Y}\right|^2 \geq \left|\vec{X}\cdot\vec{Y}\right|^2 \qquad (5\text{-}7)$$

我们将这样的形式称作柯西-施瓦茨不等式（Cauchy-Schwarz inequality）。

对于复数空间，三角不等式具有更为复杂的形式。若 $|X\rangle$ 和 $|Y\rangle$ 是复矢量空间的任意两个矢量，则矢量 $|X\rangle$、$|Y\rangle$ 和 $|X\rangle+|Y\rangle$ 的长度是：

$$\begin{aligned} |X| &= \sqrt{\langle X|X\rangle} \\ |Y| &= \sqrt{\langle Y|Y\rangle} \\ |X+Y| &= \sqrt{\left(\langle X|+\langle Y|\right)\left(|X\rangle+|Y\rangle\right)} \end{aligned} \qquad (5\text{-}8)$$

用同样的方法，我们可以得到实数版的结果。首先写出：

$$|X|+|Y| \geq |X+Y|$$

对它进行平方再化简，得到：

$$2|X||Y| \geq \left|\langle X|Y\rangle+\langle Y|X\rangle\right| \qquad (5\text{-}9)$$

这是另一个版本的柯西－施瓦茨不等式，将用于导出海森堡不确定性原理。但是两个可测量 A 和 B 要怎么处理呢？我们将找到一种聪明的方法来定义 $|X\rangle$ 和 $|Y\rangle$。

广义海森堡不确定性原理

设 $|\Psi\rangle$ 是任意一个右矢量，而 A 和 B 是任意的两个力学量，现在我们可以定义 $|X\rangle$ 和 $|Y\rangle$：

$$|X\rangle = A|\Psi\rangle, \quad |Y\rangle = iB|\Psi\rangle \qquad (5\text{-}10)$$

注意，在第二个定义中有一个 i，现在把公式 5-10 代入公式 5-9，得到：

$$2\sqrt{\langle A^2\rangle\langle B^2\rangle} \geqslant \langle\Psi|AB|\Psi\rangle - \langle\Psi|BA|\Psi\rangle \qquad (5\text{-}11)$$

负号源于公式 5-10 的第二个定义中的因子 i。使用对易式的定义，得到：

$$2\sqrt{\langle A^2\rangle\langle B^2\rangle} \geqslant \left|\langle\Psi|[A,B]|\Psi\rangle\right| \qquad (5\text{-}12)$$

我们暂时先假设 A 和 B 的数学期望为 0，这时 $\langle A^2 \rangle$ 就是 A 的不确定度的平方，即 $(\Delta A)^2$，同时 $\langle B^2 \rangle$ 就是 $(\Delta B)^2$。由此我们重新来写公式 5-12，得到：

$$\Delta A \Delta B \geqslant \frac{1}{2} \left| \left\langle \Psi \left| [A, B] \right| \Psi \right\rangle \right| \qquad (5\text{-}13)$$

我们花点时间琢磨一下这个数学不等式，它的左边是两个可测量 A 和 B 对于 $|\Psi\rangle$ 的不确定度的乘积，而不等式正好说明这个乘积不可能小于右边 A 和 B 的对易式。更加具体地描述是：不确定度的乘积不能小于对易式的数学期望的一半。

广义海森堡不确定原理定量地表达出了我们之前的猜想：如果 A 和 B 的对易式不是 0，那么这两个力学量就不能同时精确测量。

如果 A 和 B 的期望值不是 0 呢？在这样的条件下，要使用一点技巧，也就是重新定义两个新算符，它们的期望值都已经被减去了：

$$\overline{A} = A - \langle A \rangle$$
$$\overline{B} = B - \langle B \rangle$$

用 $\overline{A}$ 和 $\overline{B}$ 代替 A 和 B，然后重复上述步骤。你可以通过下面这个练习来完成这个过程。

量子力学练习

练习 5-2：

a）证明 $\left(\Delta A\right)^2 = \left\langle \overline{A}^2 \right\rangle$, $\left(\Delta B\right)^2 = \left\langle \overline{B}^2 \right\rangle$。

b）证明 $\left[\overline{A}, \overline{B}\right] = \left[A, B\right]$。

c）使用上面的关系证明

$$\Delta A \Delta B \geqslant \frac{1}{2}\left|\left\langle \Psi\left|\left[A,B\right]\right|\Psi\right\rangle\right|。$$

在第 8 讲中，我们将运用这个广义海森堡不确定性原理去证明原始版的海森堡不确定性原理，即单个粒子的位置与动量的不确定度的乘积不可能小于普朗克常数的一半。

Quantum Mechanics

第 6 讲

复合系统：纠缠

Lecture 6
Combining Systems: Entanglement

Quantum
Mechanics

阿特：这还真是一个非常友善的地方。除了负一先生，很少见到孤独的人。

莱尼：在这种地方，只有混在一起才自然，不仅仅因为空间逼仄。看好你的钱包，别混丢了。

数学准备：张量积

遇见爱丽丝和鲍勃

相当大一部分物理学的工作是为了弄清楚一个系统是如何被结合进更大系统中去的。不消说，一个原子包含电子和原子核，在量子力学中，这两者都能够被称作一个量子系统。

当我们讨论一个复合系统时，很容易陷入一堆形式语言中，比如系统 A、系统 B 之类的。所以大多数物理学家更喜欢使用更加轻量级的非正式叫法，如 A 与 B 几乎完全被爱丽丝和鲍勃这两个词所代替[①]，我们可以认为爱丽丝和鲍勃是复合系统或者实验室仪器的供应商。他们所用仪器的库

[①] 爱丽丝（Alice）的首字母是 A，鲍勃（Bob）的首字母为 B，后边还会出现查理（Charlie），对应 C。——译者注

存，以及其专业水平可由我们的想象任意去设置，并且他们
不畏艰险、乐于挑战各种任务，比如跳入一个黑洞。他们可
真是极客界的超级英雄。

现在让我们召唤爱丽丝和鲍勃，并让他们提供两套系
统，分别叫爱丽丝系统和鲍勃系统，不管是什么样的系统，
爱丽丝系统都可以写成一个态空间 S_A，而鲍勃系统写成 S_B。

现在，我们想把这两个系统结合成一个复合系统。在继
续推进之前，我们要仔细地说一说这个系统。举个例子，爱
丽丝系统可能是个量子硬币，它有两个态：H 与 T。如果是
个经典硬币的话，它一定处于这两个态之一，但是量子硬币
可以存在一个叠加的态：

$$\alpha_H \left|\text{H}\right\} + \alpha_T \left|\text{T}\right\}$$

你可能注意到了，我们使用了一个不太常用的记号来表示爱
丽丝右矢量，这是为了和鲍勃右矢量进行区分。新记号是为
了防止我们把爱丽丝空间 S_A 中的矢量加到鲍勃空间 S_B 的矢
量上。爱丽丝空间 S_A 是一个二维的向量空间，使用两个基
底 $\left|\text{H}\right\}$ 与 $\left|\text{T}\right\}$ 来定义。

鲍勃系统也可以是硬币，不过也可以是其他系统。假设它是一个量子骰子吧，那么鲍勃的空间应该是六维的，其基底是：

$$|1\rangle$$
$$|2\rangle$$
$$|3\rangle$$
$$|4\rangle$$
$$|5\rangle$$
$$|6\rangle$$

其基底用来标记骰子的 6 个面。就像爱丽丝硬币一样，鲍勃骰子也满足量子力学的要求，所以它的 6 个态也可以类似地处于某种叠加态。

表示一个复合系统

现在想象鲍勃和爱丽丝系统都已经存在了，并组成了一个复合系统。第一个问题是如何为这个复合系统构造态空间？我们把它称为 S_{AB}。答案就是使用 S_A 与 S_B 的张量积，这一操作的符号为 $\otimes$，如下式所示：

$$S_{AB} = S_A \otimes S_B$$

为了定义 S_{AB}，只要找到它的基底就可以了，而这些基底矢量就会像你所期待的那样。

在图 6-1 的上半部分的表格中，列方向对应鲍勃的 6 个基底矢量，而行方向对应爱丽丝的两个基底矢量。图中的每一个单元格代表 S_{AB} 系统中的一个基底矢量，比如标有 H4 的单元格代表的是 S_{AB} 系统中硬币为正面同时骰子的数值为 4 的态。在复合系统中，一共有 12 个基底矢量。

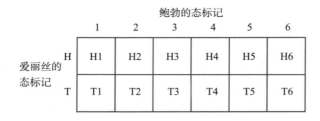

图 6-1　复合系统 S_{AB} 的基态

图中表格上方的数字代表鲍勃骰子的 6 个态，而左侧字母代表爱丽丝硬币的 2 个态，表格中的每一项标记都代表了复合系统的一个态，而复合态的标记能显示每个子系统的态。比如，标记 H4 代表的态是爱丽丝硬币为 H 而鲍勃的骰子点数为 4。

标记这些态的方法有很多种，对于 H4 我们可以使用显式记号，如 $|\text{H}\}\otimes|4\rangle$，或者 $|\text{H}\}|4\rangle$。通常来说更为方便的复合记法是 $|\text{H}4\rangle$。这种方式强调了一个态携带着两个标签，左半边是爱丽丝的子系统，而右半边是鲍勃的子系统。这几种显式表达的复合记法意义是一样的，代表的都是同样的态。

在本例中共有 12 个基底矢量，一旦基底矢量被全部列举出来之后，我们就能通过这些矢量的线性组合来表达任意一个叠加态。所以本例中最后的张量积空间有十二个维度。比如，其中某两个基底矢量的叠加可能会产生类似下面这样的形式：

$$\alpha_{h3}\left|\text{H}3\right\rangle+\alpha_{t4}\left|\text{T}4\right\rangle$$

在每一种情况下，态标记的左半边表示的都是爱丽丝的硬币，而右半边表示的是鲍勃的骰子。

有时我们可能需要抽象地表示 S_{AB} 系统中某一个态，为了做到这一点，我们可以使用类似这样的右矢量：

$$|ab\rangle$$

或者类似于

$$|a'b'\rangle$$

这些记法中的 a 或者 a'（或者在左边出现的其他任何一个字母）都代表爱丽丝的态，而 b 或 b' 代表某个鲍勃的态。

这样的记法也有不方便的地方，尽管我们标记 S_{AB} 使用了两个指标，右矢量具有如 $|ab\rangle$ 或者 $|H3\rangle$ 的形式，但实际上表达的只是复合系统中的一个态。换言之，我们用了两个指标，只标记了一个态，这需要慢慢习惯。爱丽丝的标签总是在左边，而鲍勃的部分总在右边，也就是遵循爱丽丝而后鲍勃的字母顺序，这可能会帮助你记忆。

对于更一般的系统规则也是一样的，唯一的差别是有两个取值的 A 态与 6 个取值的 B 态，可能分别使用 N_A 和 N_B 来代替，这时张量积的维度是：

$$N_{AB}=N_A N_B$$

有三个或者更多分量的系统也可以用三个或者更多态空间的张量积来表示，但我们不会在这里使用它。

现在我们已经讲述了爱丽丝和鲍勃的独立空间 S_A 和 S_B，以及复合空间 S_{AB}，还有一些记法没有提到。爱丽丝的算符集合记为 σ，作用在她的系统上，鲍勃的系统也有类似的集合，我们标记为 τ。所以我们不会把它们搞混。爱丽丝可以有多个 σ 算符，鲍勃也可以有多个 τ 算符。有了这样的框架，我们就可以更深入地探索复合系统了。在第 7 讲中，我们要解释如何用分量的方式来解出算符的张量积，即如何表达成矩阵和列矢量的形式。

到现在你肯定不再怀疑，从基本逻辑的基础上看，量子力学就与经典物理学非常不同了。在本讲和第 7 讲中，这一思想会更为强烈地向你袭来，我们将要讨论量子力学中的一个重要的方面，即量子纠缠。量子纠缠与经典物理学的差别是如此之大，从它被写下开始已经困扰了物理学家和哲学家 80 多年，这让它的发现者爱因斯坦认定量子力学在更深层次存在着某种缺失，物理学家对此一直争论不休。就像爱因斯坦认为的那样，一旦接受量子力学，就要同时接受它对于物理实在的观点，而这个观点又是从根本上不同于经典物理学的。

经典的相关性

在我们进入量子纠缠之前，先花一点时间在我们称之为经典纠缠的问题上，在接下来的实验中出场的查理（C）会帮助爱丽丝（A）和鲍勃（B）。

查理的手里有两枚硬币，一枚一分的和一枚一角的，他把两枚硬币混在手里，然后一手一个地分给爱丽丝和鲍勃，没人看见，也没人知道到底是谁拿到了哪一枚，爱丽丝拿到她的硬币之后坐上了飞往半人马座 α 星球的宇宙飞船，而鲍勃就留在加州的帕洛阿托市。查理已经完成了他的工作，所以不用在乎他去哪了。（抱歉，查理。）

在爱丽丝开始她的远征之前，她和鲍勃校准了他们的钟。他们都已经做完了相对论的作业，所以知道时间膨胀等所有相对论效应，然后约定爱丽丝先去看她手中的那枚硬币，大约一两秒钟后，鲍勃也要去看他手里的硬币。

一路无话，当爱丽丝到了半人马座 α 星之后，她看了一眼手里的硬币。令人惊讶的是，在她看的瞬间就立刻知道了鲍勃手里的硬币是什么，甚至鲍勃还没有看呢。这是不是太疯狂了？爱丽丝和鲍勃成功地打破了相对论最基本的定律，也就是信息的传播速度超过光速了吗？

当然没有，要想打破相对论必须做到在爱丽丝观测之后瞬间告知鲍勃答案才行。爱丽丝虽然知道鲍勃将会看到哪一枚硬币，但是却没有办法告诉他，因为从半人马座 α 星发送的信息，即使是光速前进，也要花至少 4 年的时间才能到达加州。

我们多次重复这个实验，可以同时制造很多爱丽丝－鲍勃对，也可以用同一对进行多次实验。为了能够量化，查理（他又回来了，并接受了我们的道歉）在每个一分的硬币上面印上 $\sigma = +1$，在每个一角的硬币上面印上 $\sigma = -1$。如果查理真的随机混洗了硬币，那么将会发生如下事实：

- 平均来说，A 和 B 会拿到同等数量的一分硬币和一角硬币，我们将 A 的观测结果叫作 σ_A，B 的观测结果叫作 σ_B，我们可以把这个事实表示成数学的形式：

$$\langle \sigma_A \rangle = 0$$
$$\langle \sigma_B \rangle = 0 \qquad\qquad (6\text{-}1)$$

- 如果 A 和 B 记录下他们的观测值，然后回到帕洛阿托一起比对，结果发现他们的观测值存在强烈的相关[1]。每一次 A 测到 $\sigma_A = +1$ 时，B 测到的必然是 $\sigma_B = -1$，反之亦然。换句话说就是，$\sigma_A \sigma_B$ 的乘积总是 -1：

----

[1] 实际上在本例中是完美地相关。

$$\langle \sigma_A \sigma_B \rangle = -1$$

注意：σ_A 和 σ_B 乘积的平均值并不等于平均值的乘积。显然，公式 6-1 告诉我们 $\langle \sigma_A \rangle \langle \sigma_B \rangle$ 为 0，用符号表示就是：

$$\langle \sigma_A \rangle \langle \sigma_B \rangle \neq \langle \sigma_A \sigma_B \rangle$$

或者

$$\langle \sigma_A \sigma_B \rangle - \langle \sigma_A \rangle \langle \sigma_B \rangle \neq 0 \qquad (6\text{-}2)$$

这表明爱丽丝和鲍勃的测量是相关的，实际上，以下公式正是爱丽丝和鲍勃统计相关性（correlation）的定义：

$$\langle \sigma_A \sigma_B \rangle - \langle \sigma_A \rangle \langle \sigma_B \rangle$$

即便它等于 0，也要被叫作统计相关性。当相关性不等于 0 时，我们就说力学量之间是相关的，其相关性源于爱丽丝和鲍勃曾在同一个地方都收到了查理分配的硬币这一事实，就算爱丽丝到了半人马座 α 星，相关性依然存在着，因为硬币不会在旅途中发生变化，这里面没有发生任何奇怪的事情，公式 6-2 也没有，这只是统计分布非常正常的性质。

假设变量 a 与 b 的概率分布 $P(a,b)$，如果两个变量完全不相关，那么总的概率可以分解成：

$$P(a,b) = P_A(a)P_B(b) \qquad (6\text{-}3)$$

其中 $P_A(a)$ 和 $P_B(b)$ 是 a 与 b 各自的概率（我添加了下角标来提示它们是不同的函数）。不难看出只要概率函数能以这样的方式分解，就没有相关性。换言之，乘积的平均值等于平均值的乘积。

Quantum
Mechanics

量子力学练习

练习 6-1：证明如果概率函数是可分解的，那么相关为 0。

我们用一个例子来解释这种情况是如何导致概率分解的。假设不止有一个查理，而是有一对查理，叫作查理 A 和查理 B。他们之间从不交流，查理 B 混合好两枚硬币之后，把其中一枚交给鲍勃，然后扔掉另一枚。查理 A 也做类似的事情，不过交给的是爱丽丝，这样的条件导致了一个可以分解的概率，没有相关性。

在经典物理学中，如果我们忽略一些原则上可以知道的东西，就只能使用统计和概率论。例如在第一个实验中，查理混合硬币之后，偷偷地瞟了一眼，然后把它们交给爱丽丝和鲍勃，这么做对结果不会造成什么影响。在经典力学中，概率分布 $P(a,b)$ 反映了我们对系统的态了解的不全面。对于系统是可以了解得更多的。在经典物理学中，概率的使用总是与知识的缺失相联系，而这一缺失是相对于全部可知的内容来说的。

与之相关的一点是：一个经典物理学系统的全部知识隐含地包括了各个子系统的全部知识。如果有人说查理了解这个系统的全部却不了解单个硬币的内容，这种话是没有意义的。

这些经典的概念已经在我们的思想中根深蒂固，它们是对于这个物理世界本能性的理解，所以我们很难逾越这些概念。不过我们必须越过它们，才能进入量子世界的大门。

组合量子系统

查理的两枚硬币形成一个经典系统，由两个经典子系统组成。量子力学也允许我们通过数学准备中张量积的方法进行系统的组合。

爱丽丝和鲍勃很友善地同意提供一个变种的硬币 / 骰子系统，它能够使用张量积代替硬币和骰子。我们的新系统是由两个自旋构成的，这意味着我们有机会应用关于自旋的知识。

还像以前那样，我们使用一个奇怪的符号 $|a\rangle$ 来提醒自己，爱丽丝的态矢量并不存在于鲍勃的态空间中，我们也不允许把它们相加，另外，记得系统 S_{AB} 中正交基底的每个成员，都使用一对分别来自系统 S_A 和 S_B 的矢量来标记。我们将要频繁地使用记号 $|ab\rangle$ 去标记复合系统中的每个基底矢量，这个双指标基底矢量是可以相加的，后面会大量用到。

就像我们在数学准备中介绍的那样，要习惯于使用两个指标来标记一个基底矢量，你可以认为 ab 就是标记某个单态的一个指标。

让我们看一个例子：考虑某个线性算符 M，它作用在复合系统的态空间上。就像通常那样，它可以表达成一个矩阵，每个矩阵元都是个"三明治"，也就是基底矢量中间夹着这个算符。从而，M 的矩阵元可以表示为：

$$\left\langle a'b'\middle|\mathrm{M}\middle|ab\right\rangle = M_{a'b',\,ab}$$

矩阵的行使用复合系统的单指标 "$a'b'$" 来标记，而列则使用 "ab"。

矢量 $|ab\rangle$ 被取成正交的，也就是只有指标相同时，它们的内积才不为 0。注意，不是说 a 等于 b，而是说 ab 等于 $a'b'$。我们可以将这个想法用符号表示：

$$\left\langle ab\middle|a'b'\right\rangle = \delta_{aa'}\delta_{bb'}$$

也就是说，除非 $a = a'$ 或者 $b = b'$，否则等式为 0，而指标相同时，内积等于 1。

现在我们有了基底矢量，这样一来，任何线性叠加都是被允许的，因此复合系统中的任何一个态都可以展开为：

$$|\Psi\rangle = \sum_{a,b} \Psi(a,b)|ab\rangle$$

双自旋

　　回到我们的例子，想象有两个自旋，爱丽丝一个，鲍勃一个。为了接着上边的故事，我们图像化地把这两个自旋粘在两个粒子上面，并且这两个粒子被固定在两个邻近的位置。爱丽丝和鲍勃各有一个装置，分别叫作 $\mathcal{A}$ 和 $\mathcal{B}$，它们可以用来制备和测量自旋分量，并且都可以独立地指向任何方向。

　　我们需要命名这两个自旋，当只有一个自旋时，可以简单地叫它 σ，它有 3 个分量分别指向 x 轴、y 轴和 z 轴方向。现在我们有两个自旋了，问题是如何标记它们而又不会产生一大堆带着上下角标的符号。我们当然可以使用 σ^A 和 σ^B，然后它们的分量写成诸如 σ_x^A、σ_x^B 之类的形式，但对我来说，这里面的上标太多了，特别是在黑板上书写时，显得极为不便。所以，我们使用在数学准备中用过的符号，把爱丽丝的自旋叫作 σ，把希腊字母表中接下来的字母 τ 赋给鲍勃的自旋。那么爱丽丝和鲍勃的全部自旋就是：

$$\sigma_x, \sigma_y, \sigma_z$$

以及

$$\tau_x, \tau_y, \tau_z$$

根据我们前面展示的原理，双自旋的态空间是一个张量积。我们可以为这 4 个态制作一张表格，就像我们在数学准备中的做法那样，这是一个 2×2 的方格，含有 4 个态。

让我们规定两个自旋都在 z 分量方向上，那么基底矢量就是：

$$|uu\rangle, |ud\rangle, |du\rangle, |dd\rangle$$

其中每个标签的第一部分代表 σ 的态，第二部分代表 τ 的态，举例来说，第一个基底矢量 $|uu\rangle$ 代表两个自旋都向上，而 $|du\rangle$ 代表爱丽丝的自旋向下、鲍勃的自旋向上。

乘积态

复合系统中最简单的态是乘积态。乘积态是两次独立制备的结果，爱丽丝和鲍勃都用自己的仪器制备了一个自旋，使用明确的符号来表示爱丽丝制备的态为：

$$\alpha_u \left| u \right\} + \alpha_d \left| d \right\}$$

而鲍勃的态为：

$$\beta_u \left| u \right\rangle + \beta_d \left| d \right\rangle$$

我们假设两个态都是归一的，即：

$$\alpha_u^* \alpha_u + \alpha_d^* \alpha_d = 1$$
$$\beta_u^* \beta_u + \beta_d^* \beta_d = 1$$

（6-4）

　　实际上，这两个子系统各自的归一化方程在定义乘积态上非常有用，如果不是如此的话，我们就无法做出乘积态。描述复合系统的乘积态是：

$$\left| product\, state \right\rangle = \left\{ \alpha_u \left| u \right\} + \alpha_d \left| d \right\} \right\} \otimes \left\{ \beta_u \left| u \right\rangle + \beta_d \left| d \right\rangle \right\}$$

这里第一个因子代表爱丽丝的态，第二个因子代表鲍勃的态，展开这个式子并使用复合符号，则上式中等号右侧部分变成：

$$\alpha_u\beta_u\left|uu\right\rangle+\alpha_u\beta_d\left|ud\right\rangle+\alpha_d\beta_u\left|du\right\rangle+\alpha_d\beta_d\left|dd\right\rangle \quad (6\text{-}5)$$

乘积态的主要特征是它的每一个子系统都有独立的行为，如果鲍勃对他自己的系统做一次实验，不管爱丽丝的系统是否存在，结果都不会改变。当然，这对爱丽丝来说也是一样的。

量子力学练习

练习 6-2： 证明如果满足公式 6-4 的两个正交条件，那么公式 6-5 的态矢量也自动满足归一化条件，换句话说，就是证明乘积态的全局归一化不会对 α 和 β 引入更多限制。

尽管张量积和乘积态看起来十分相似，但它们是两样东西。

张量积是用以研究复合系统的矢量空间的，而乘积态是

一个态矢量，它是张量积中众多的态矢量之一，我们马上就
会看到，张量积中大部分态矢量并不是乘积态。

表示乘积态的参数数目

现在我们考虑需要多少个参数才能指定一个乘积态。每
一个因子需要两个复数（α_u 和 α_d 用于爱丽丝，β_u 和 β_d 用
于鲍勃），这意味着我们一共需要 4 个复数，也就是要 8 个
实参数，但是考虑到公式 6-4 的归一条件，再减去 2 个。另
外，每个态都要再减去一个没有意义的相因子，所以一共需
要 4 个实数作为参数。这并不奇怪，因为一个单自旋需要用
2 个参数，所以两个独立的自旋需要 4 个参数。

纠缠态

量子力学允许我们叠加出比乘积态更一般的态，在复合
态空间中，矢量的最一般形式为：

$$\psi_{uu}\left|uu\right\rangle + \psi_{ud}\left|ud\right\rangle + \psi_{du}\left|du\right\rangle + \psi_{dd}\left|dd\right\rangle$$

这里使用带下标的 ψ（代替 α 和 β）来代表复系数。再次强调，我们有 4 个复数，而此时我们只有一个归一条件：

$$\psi_{uu}^{*}\psi_{uu}+\psi_{ud}^{*}\psi_{ud}+\psi_{du}^{*}\psi_{du}+\psi_{dd}^{*}\psi_{dd}=1$$

我们还有一个可以忽略全局的相因子。结果就是两个自旋系统的最一般形式有 6 个实数作为参数。很明显，态空间的内容比爱丽丝和鲍勃分别独立制备的乘积态要丰富得多。现在要来一个新概念了，它被称为纠缠。

纠缠并不是一个非黑即白的概念，比如一些态就可以比另外一些纠缠得更厉害一些。举一个最强的纠缠态的例子，就是纠缠得不能更纠缠了，这种态被称作单态，可以写作：

$$|sing\rangle=\frac{1}{\sqrt{2}}\left(|ud\rangle-|du\rangle\right)$$

单态无法写成一个乘积态的形式，三重态也是如此：

$$\frac{1}{\sqrt{2}}\left(|ud\rangle+|du\rangle\right)$$

$$\frac{1}{\sqrt{2}}\left(|uu\rangle+|dd\rangle\right)$$

$$\frac{1}{\sqrt{2}}\left(|uu\rangle-|dd\rangle\right)$$

它们也是最大纠缠态，下面会解释它们为什么被叫作单态和三重态。

Quantum
Mechanics

量子力学练习

练习 6-3：证明单态 $|sing\rangle$ 不能写成乘积态的形式。

到底是什么让纠缠态如此迷人，原因主要有如下两点：

● 纠缠态是一个复合系统最为完整的描述，你不可能知道得更多了。

● 对于一个最大纠缠态，其中的每个子系统都完全不可知。

这怎么可能呢？怎么可能我们已经最为全面地知道了爱丽丝-鲍勃双自旋系统的信息，却又对它子系统的信息一无所知呢？这就是纠缠的神秘之处，我希望在本讲结束时，你能理解这里面的游戏规则，尽管纠缠更为深刻的性质依然是一个悖论。

爱丽丝和鲍勃的力学量

到目前为止，我们讨论了爱丽丝-鲍勃双自旋系统的态空间，其中一些力学量是十分明显的，虽然它们的数学表示并非如此明显。使用它们的仪器 $\mathcal{A}$ 和 $\mathcal{B}$，就可以测量它们自旋的分量：

$$\sigma_x, \sigma_y, \sigma_z$$

以及

$$\tau_x, \tau_y, \tau_z$$

这些力学量如何使用复合态空间中的厄米算符来表示呢？答案很简单，就是将鲍勃的算法作用在鲍勃的态上，不管爱丽丝是否出现过。反过来对于爱丽丝也是一样的。让我们回顾一下自旋算符是如何作用在单自旋态上的。首先，来看看爱丽丝的自旋：

$$\sigma_z \,|u\} = |u\}$$
$$\sigma_z \,|d\} = -|d\}$$
$$\sigma_x \,|u\} = |d\}$$
$$\sigma_x \,|d\} = |u\}$$
$$\sigma_y \,|u\} = i\,|d\}$$
$$\sigma_y \,|d\} = -i\,|u\} \qquad （6\text{-}6）$$

当然，鲍勃的设置与爱丽丝是完全一样的，所以我们可以一并写出鲍勃的 τ 算符分量的作用方程：

$$\tau_z \,|u\rangle = |u\rangle$$
$$\tau_z \,|d\rangle = -|d\rangle$$
$$\tau_x \,|u\rangle = |d\rangle$$
$$\tau_x \,|d\rangle = |u\rangle$$
$$\tau_y \,|u\rangle = i\,|d\rangle$$
$$\tau_y \,|d\rangle = -i\,|u\rangle \qquad （6\text{-}7）$$

现在让我们考虑一下，这些算符要如何作用在张量积态 $|uu\rangle$、$|ud\rangle$、$|du\rangle$、$|dd\rangle$ 上面。答案就是，使用 σ 时，忽

略鲍勃那一部分的标记，这会有很多种可能的算符与态相结合的方式，我们随机选一些写在下面。你可以自己补全它们，也可以去查看附录。先从爱丽丝的算符开始：

$$\sigma_z |uu\rangle = |uu\rangle$$
$$\sigma_z |du\rangle = -|du\rangle$$
$$\sigma_x |ud\rangle = |dd\rangle$$
$$\sigma_x |dd\rangle = |ud\rangle$$
$$\sigma_y |uu\rangle = i|du\rangle$$
$$\sigma_y |du\rangle = -i|uu\rangle$$
$$\tau_z |uu\rangle = |uu\rangle$$
$$\tau_z |du\rangle = |du\rangle$$
$$\tau_x |ud\rangle = |uu\rangle$$
$$\tau_x |du\rangle = |dd\rangle$$
$$\tau_y |uu\rangle = i|ud\rangle$$
$$\tau_y |dd\rangle = -i|du\rangle$$

（6-8）

再说一次，规则是爱丽丝的自旋分量只能影响复合系统中爱丽丝自己的那一部分，而鲍勃的那一部分作壁上观，不会参与进来。用符号来说就是 σ_x、σ_y、σ_z 产生作用时，自旋态的鲍勃部分不会改变；而当鲍勃的 τ 产生作用时，爱丽丝的部分也不会发生改变。

我们在符号的使用上放宽松一点，张量积中的矢量是一个新矢量，它建立在两个更小的空间上。实际上，算符也是如此。如果说得更加学术一点的话，我们本该把上面的 σ_z 和 τ_x 写成张量积 $\sigma_z \otimes I$ 和 $\tau_x \otimes I$ 的形式。这里的 I 是单位矩阵。为了体现张量积的两个重要性质，上边的方程可以改写一下，将原来的

$$\sigma_z \left| du \right\rangle = - \left| du \right\rangle \qquad (6\text{-}9)$$

改写为：

$$\left(\sigma_z \otimes I \right)\left(\left| d \right\rangle \otimes \left| u \right\rangle \right) = \left(\sigma_z \left| d \right\rangle \otimes I \left| u \right\rangle \right)$$
$$= \left(- \left| d \right\rangle \otimes \left| u \right\rangle \right) \qquad (6\text{-}10)$$

这样的记法很啰嗦，所以我们还是会坚持使用公式 6-9 那种更为简洁的记法。然而，使用公式 6-10 的记法可以看清两件事情：

1. 一个复合算符 $\sigma_z \otimes I$ 对复合矢量 $\left| d \right\rangle \otimes \left| u \right\rangle$ 进行操作，并产生了一个新的复合矢量 $- \left| d \right\rangle \otimes \left| u \right\rangle$。

2. 复合算符中爱丽丝的部分（左）只会影响复合矢量中

她自己的一半，算符中鲍勃的部分也是这样。

接下来我们还会说到复合算符，而在第 7 讲中，公式 6-10 中的记法将帮助我们了解张量积的分量形式。

量子力学练习

练习 6-4： 使用 σ_z、σ_y、σ_x 的矩阵形式以及 $|u\}$ 和 $|d\}$ 的列矢量形式来验证公式 6-6，然后，用公式 6-6、公式 6-7 写出公式 6-8 中遗漏的式子，并查看附录，检查答案。

练习 6-5：

a）证明爱丽丝和鲍勃中任何一个自旋算法作用在乘积态上之后，结果依然是个乘积态。

b）证明在一个乘积态中，$\vec{\sigma}$ 或者 $\vec{\tau}$ 分量的期望值都精确地等于它们在自旋态中的数值。

练习 6-5 中所证明的内容对乘积态很重要，对于一个乘积态，鲍勃那一半的所有预测都与对应的单自旋理论结果一致，这对爱丽丝也是一样的。

有一个例子可以说明这个性质，它已经包含在第 3 讲的自旋极化原理之中，这个原理可以这么描述：对于任何单自旋态，总有一个方向，使该自旋的结果为 +1。

前面解释过，这意味着分量的期望值满足方程：

$$\langle\sigma_x\rangle^2+\langle\sigma_y\rangle^2+\langle\sigma_z\rangle^2=1 \qquad （6\text{-}11）$$

这告诉我们全部的期望值不会是 0。实际上，这一点对于所有的乘积态都是成立的，但是对于纠缠态 $|sing\rangle$ 并不成立。对于纠缠态 $|sing\rangle$，公式 6-11 的等号右边为 0，后面我们还会讲到。

回忆一下纠缠态的定义：

$$|sing\rangle=\frac{1}{\sqrt{2}}\left(|ud\rangle-|du\rangle\right)$$

来看看算符 σ 在这个态上的期望值是多少。我们已经准备好了计算所需的全部工具。首先考虑 $\langle\sigma_z\rangle$：

$$\langle \sigma_z \rangle = \langle sing | \sigma_z | sing \rangle$$
$$= \langle sing | \sigma_z \frac{1}{\sqrt{2}} \left(|ud\rangle - |du\rangle \right)$$

公式 6-8 就是根据上式得到的（使用练习 6-4 的结果，它是上式的完整版！）。由此我们知道 σ_z 是如何作用在每一个基底矢量上的，其结果是：

$$\langle sing | \sigma_z | sing \rangle = \langle sing | \frac{1}{\sqrt{2}} \left(|ud\rangle + |du\rangle \right)$$

也就是：

$$\langle \sigma_z \rangle = \frac{1}{2} \left(\langle ud | - \langle du | \right) \left(|ud\rangle + |du\rangle \right)$$

一个简单的验证就会发现它等于 0。接下来，我们计算 $\langle \sigma_x \rangle$：

$$\langle \sigma_x \rangle = \langle sing | \sigma_x | sing \rangle$$
$$= \langle sing | \sigma_x \frac{1}{\sqrt{2}} \left(|ud\rangle - |du\rangle \right)$$

或者

$$\langle \sigma_x \rangle = \frac{1}{2}\big(\langle ud| - \langle du|\big)\big(|dd\rangle - |uu\rangle\big)$$

这个式子的结果还是 0。最后来看看 $\langle \sigma_y \rangle$：

$$\begin{aligned}\langle \sigma_y \rangle &= \langle sing|\sigma_y|sing\rangle \\ &= \frac{1}{2}\big(\langle ud| - \langle du|\big)\big(\mathrm{i}|dd\rangle + \mathrm{i}|uu\rangle\big)\end{aligned}$$

你应该猜出来了，结果仍是 0。因此，对于态 $|sing\rangle$，我们可以得到：

$$\langle \sigma_z \rangle = \langle \sigma_y \rangle = \langle \sigma_x \rangle = 0$$

没错，σ 的所有期望值都成了 0。无需赘言，τ 的期望值也是如此。很明显，$|sing\rangle$ 与乘积态完全不同。那么所有这一切又告诉了我们有关测量的哪些内容呢？

如果 σ 分量的期望值都是 0 的话，那意味着实验输出 +1 和 -1 的可能性是一样的。换言之，输出的结果是完全不

确定的。即便我们已经彻底知晓了态矢量$|sing\rangle$，但对于任何一个自旋的任何一个分量，我们都没法知道输出结果是什么。

也许这在某种程度上意味着$|sing\rangle$是不完备的，也就是说系统中有些细节是我们不知道和没法测量的。毕竟在一开始我们看到了一个完美的经典物理学的例子，在那个例子中，爱丽丝和鲍勃一开始都不知道手里的硬币是什么，那这个例子的量子力学版本有什么不同之处呢？

毫无疑问，在爱丽丝、鲍勃和查理三人"经典纠缠"的例子中，我们可以知道更多信息。查理可以偷偷瞄一眼硬币而什么都不会改变，因为经典物理测量的影响可以达到无限弱。

那么在量子力学中是否存在着隐变量呢？答案是：根据量子力学的规则，不存在超越态矢量之外的信息。在这个例子中就是$|sing\rangle$，态矢量对系统描述的完备程度已经到达了极限，所以在量子力学中，我们知道一个复合系统的全部，也就是可以知道的全部了，却不知道组成它的各个部分的信息。这正是纠缠真正令人感到奇怪之处，也是困扰爱因斯坦的地方。

复合力学量

让我们想象一下量子力学版的爱丽丝 - 鲍勃 - 查理系统该如何设置。这回查理的工作是准备两个自旋，并使它们处于纠缠态 $|sing\rangle$，当然他不能去查看它们（量子测量不可忽略），然后把一个自旋交给爱丽丝，一个自旋交给鲍勃。尽管爱丽丝和鲍勃已经完全知晓两个自旋的组合态，但还是无法预测自己手中自旋的测量结果会是什么。

不过他们对于复合系统的了解应该多少能有点帮助，即便这个态是处于高度纠缠的。事实也是如此，但是为了理解"这点帮助"，我们必须考虑更多的力学量，而不限于爱丽丝和鲍勃分别使用自己的仪器进行的测量。结果就是有些力学量必须使用两个探测器，但实验结果只有在他们再次碰头并交换意见之后才能知道。一个问题是爱丽丝和鲍勃是否能够同时测量他们各自的力学量。我们已经见到过不能同时测量的量，也就是两个不对易的力学量无法同时被测量却不产生彼此间的干扰。但是对于爱丽丝和鲍勃来说，不难看出，σ 的分量与 τ 的分量之间全部对易。算符作用在两个各自的因子上，它们当然是对易的，这也是张量积最一般的结果。因此爱丽丝可以对她自己的自旋做任意的测量，鲍勃也一样，彼此不会产生任何干扰。

让我们设想让爱丽丝测量 σ_z 而鲍勃去测量 τ_z，然后他们把得到的结果相乘。也就是说，他们合作测出了 $\tau_z\sigma_z$。

作为一个算法的数学表示，$\tau_z\sigma_z$ 意味着先使用 σ_z 作用在右矢量上，然后再使用 τ_z。要记得，这不过是定义了一个新操作的数学算符：它与操作一个物理上的测量是不一样的，你并不需要一个能将两个算符相乘的设备，只需要纸和笔。让我们看看把算符 $\tau_z\sigma_z$ 作用在 $|sing\rangle$ 上会发生什么：

$$\tau_z\sigma_z \frac{1}{\sqrt{2}}\big(|ud\rangle-|du\rangle\big)$$

第一步，使用公式 6-8 中列出的关于 σ_z 的等式：

$$\tau_z\sigma_z \frac{1}{\sqrt{2}}\big(|ud\rangle-|du\rangle\big)=\tau_z\frac{1}{\sqrt{2}}\big(|ud\rangle+|du\rangle\big)$$

第二步，使用 τ_z，得到：

$$\tau_z\sigma_z \frac{1}{\sqrt{2}}\big(|ud\rangle-|du\rangle\big)=\frac{1}{\sqrt{2}}\big(-|ud\rangle+|du\rangle\big)$$

注意，最后的结果只是改变了 $|sing\rangle$ 的符号：

$$\tau_z \sigma_z |sing\rangle = -|sing\rangle$$

很明显，$|sing\rangle$ 是力学量 $\tau_z \sigma_z$ 的本征矢量，本征值为 -1。我们来仔细看看这个结果的意义。爱丽丝测量了 σ_z，鲍勃测量了 τ_z，当他们回到一起比较结果时就会发现，他们得到的结果总是相反的。有时鲍勃测到的是 $+1$，那么爱丽丝测到的就是 -1；下回可能是爱丽丝测到了 $+1$，而鲍勃测到的就是 -1，两个测量结果的乘积一定是 -1。

这没有什么好奇怪的，态矢量 $|sing\rangle$ 是 $|ud\rangle$ 和 $|du\rangle$ 的叠加，而它们都是由与 z 轴方向相反的自旋组成的。这种情形与查理分硬币的那个经典例子很相似。

但现在我们要来一点非经典的分析了。假设不是测量自旋的 z 分量，爱丽丝和鲍勃测量的是 x 的分量。为了找出这个结果，我们必须研究力学量 $\tau_x \sigma_x$。

将这个算符作用在 $|sing\rangle$ 上，得到：

$$\tau_x \sigma_x |sing\rangle = \tau_x \sigma_x \frac{1}{\sqrt{2}} \big(|ud\rangle - |du\rangle \big)$$

$$= \tau_x \frac{1}{\sqrt{2}} \big(|dd\rangle - |uu\rangle \big)$$

$$= \frac{1}{\sqrt{2}} \big(|du\rangle - |ud\rangle \big)$$

或者，用更简单的形式表式：

$$\tau_x \sigma_x |sing\rangle = -|sing\rangle$$

现在的结果有点意外了。$|sing\rangle$ 同时也是 $\tau_x \sigma_x$ 的本征矢量，本征值为 -1。只看 $|sing\rangle$ 的话，并不容易看出两个自旋的 x 分量总是相反的。然而，每次爱丽丝和鲍勃测量时，却会发现 σ_x 与 τ_x 测量的结果总是相反的数值。如果你知道了在 y 轴上的测量结果也是这样的话，就不会感到意外了。

练习 6-6：假设查理制备了两个自旋到一个单态上，这一次，鲍勃测量 τ_y，而爱丽丝测量 σ_x，求

$\sigma_x \tau_y$ 的期望值是多少。两次测量的相关又是多少？

练习 6-7： 接下来，查理准备另外一个态，叫作 $|T_1\rangle$，可写作：

$$|T_1\rangle = \frac{1}{\sqrt{2}}\big(|ud\rangle + |du\rangle\big)$$

在这个例子中，T 代表三重态，三重态与硬币和骰子例子中的态完全不同。求算符 $\sigma_z \tau_z$、$\sigma_x \tau_x$、$\sigma_y \tau_y$ 的期望值。

仅仅一个符号的差别，导致结果的差别可真大啊！

练习 6-8： 类似地，计算三重态中的另外两个纠缠态，并解释它们：

$$|T_2\rangle = \frac{1}{\sqrt{2}}\big(|uu\rangle + |dd\rangle\big)$$

$$|T_3\rangle = \frac{1}{\sqrt{2}}\big(|uu\rangle - |dd\rangle\big)$$

下面，我们再研究一个力学量。这一回，力学量是无法通过爱丽丝和鲍勃各自的测量得到的，即便他们再次回到一

起交换意见。然而，量子力学还是坚持认为这样的力学量可以通过构造某种类型的仪器测量出来。

我把这个力学量看作两个矢量算符 $\vec{\sigma}$ 和 $\vec{\tau}$ 的点积：

$$\vec{\sigma}\cdot\vec{\tau} = \sigma_x\tau_x + \sigma_y\tau_y + \sigma_z\tau_z$$

也许有人认为想出了一个得到这个力学量的值的方法，就是让鲍勃测出 τ 的所有分量，爱丽丝测出 σ 的所有分量，然后他们把这些分量相乘再相加即可。但问题是鲍勃做不到同时测量 τ 的所有分量，因为分量之间不对易。爱丽丝也遇到了同样的问题，无法同时测量 σ 的所有分量。要想测量 $\vec{\sigma}\cdot\vec{\tau}$，一定要构造新的仪器，它可以直接测量 $\vec{\sigma}\cdot\vec{\tau}$ 而不去测量它的分量。很难想象出这怎么做到。下面是如何测量的一个具体例子：有些算子的自旋和电子自旋的行为是一样的，所以当两个这样的原子相互靠近时，就像在晶体的格点上的相邻原子那样，系统的哈密顿量就取决于自旋。在某些情况下，相邻自旋的哈密顿量正比于 $\vec{\sigma}\cdot\vec{\tau}$，而 $\vec{\sigma}\cdot\vec{\tau}$ 对应这对原子的能量。测量复合系统的能量只需要一次实验，而且不涉及每个自旋的分量。

Quantum
Mechanics

量子力学练习

练习 6-9：证明矢量 $|sing\rangle$、$|T_1\rangle$、$|T_2\rangle$ 和 $|T_3\rangle$ 都是算符 $\vec{\sigma}\cdot\vec{\tau}$ 的本征矢量。它们的本征值又是多少？

看一看上一个练习的结果，你能看出为什么其中一个矢量叫作单态，而另外的三个矢量叫三重态吗？原因就在于它们与算符 $\vec{\sigma}\cdot\vec{\tau}$ 之间的关系。单态的本征矢量对应一个本征值，而三重态的所有三个本征矢量对应另外一个简并的本征值。

下面是综合了纠缠态概念与第 4 讲中时间演化的练习。可以用它来回顾时间的幺正性以及哈密顿量的意义。

Quantum
Mechanics

量子力学练习

练习 6-10：一个双自旋系统的哈密顿量为：

$$H = \frac{\omega}{2}\vec{\sigma}\cdot\vec{\tau}$$

那么这个系统可能取的能量值是多少？哈密顿量的本征矢量是什么？

假设系统的初始态是 $|uu\rangle$，那下一个时刻的态是什么？如果初始态是 $|ud\rangle$、$|du\rangle$ 或 $|dd\rangle$，回答同样的问题。

Quantum Mechanics

第 7 讲

量子纠缠进阶

Lecture 7
More on Entanglement

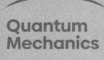
Quantum Mechanics

1935 年夏，希尔伯特之地。

两位邋遢的常客一边激烈地争论着，一边走进转门。其中一位顶着一头灰白的蓬发，毛衣已经变形，说道："不，我不会接受你的理论，除非你可以告诉我物理实在的基本要素是什么。"

另一个人环视了一下周围，精疲力竭地朝阿特和莱尼挥了一下手，说："他又来了，物理实在的基本要素 EPR[①]，EPR，他就想这些东西。阿尔伯特，别钻牛角尖了，接受现实吧。"

"绝不！我无法接受一个人能够在整体上了解全部，却完全不能了解其中的部分。这毫无道理，尼尔斯。"

"抱歉，阿尔伯特。可事实就是这样，我请你喝一杯啤酒吧。"

[①] EPR 是 Elements of Physical Reality（物理实在的基本要素）的缩写，同时与量子纠缠问题中著名的 Einstein-Podolsky-Rosen Paradox（爱因斯坦－波尔多斯基－罗森佯谬中三个人名的首字母）是双关语，隐喻了当时爱因斯坦对于量子纠缠的负面态度。——译者注

在本讲中，我们会更为深入地研究纠缠。为此，我们需要一些额外的数学工具。首先需要搞清楚的就是分量形式的张量积，然后我们要学习一个新算符，叫作密度矩阵，这个新工具本质上并不是很难，但是确实需要你保持耐心，以及在指标的问题上费些工夫。

数学准备：分量形式的张量积

在第 6 讲中，我们学习了如何使用抽象符号左矢量、右矢量和算符 σ_z 在矢量空间中构造张量积。那么用矩阵和行列式该如何表示呢？

使用矩阵和行列式来构造张量积并不困难，后面我们能看到，其规则是非常直接的。棘手的地方反而在于如何理解其合理性，即为什么我们能够构造这些矩阵和列矢量，我们需要的到底是它的什么性质。接下来，我们会从两个方面慢慢展开，一方面是使用"尝试－确认"法去构造复合算符，这一方法在第 3 讲中已经用过；另一方面，我们会展示如何用分量算符来构造复合算符。

从基本原理出发构造张量积矩阵

回到第 3 讲，我们曾经展示过如何在一套具体的基底下，把任意一个力学量 M 写成一个矩阵形式。花几分钟回顾一下公式 3-1 到公式 3-4 的内容，在那一讲中，我们计算 M 矩阵元 m_{jk} 的数值时使用表达式

$$m_{jk} = \langle j | M | k \rangle \tag{7-1}$$

其中 $|j\rangle$ 和 $|k\rangle$ 都是基底矢量，每两个 $|j\rangle$ 与 $|k\rangle$ 的组合都会产生一个矩阵元 [1]。

我们的计划是把这个公式应用到一些张量积上，看会得到些什么。因为我们使用了张量积的双指标约定，所以公式中的"三明治"形式会变得有点不同。在"三明治"的两边

---

① 在第 3 讲中，我们曾经把指标变量 j 写在 M 的右边，而 k 写在 M 的左边，和这里的写法相反。因为此处的 j 与 k 都是指标变量，所以只要在一组方程内保持一致就没有问题。

我们将要轮转使用基底矢量$|uu\rangle$、$|ud\rangle$、$|du\rangle$和$|dd\rangle$ [1]。为简单起见，我们先用$\sigma_z \otimes I$作一个例子，这里的I是单位算符。就像以前那样，$\sigma_z \otimes I$作用在爱丽丝态矢量的半边，而完全不影响鲍勃的半边。因为我们在四维的矢量空间，所以矩阵将是4×4的。忽略符号$\otimes$，以防混淆视线，我们可以把矩阵写作：

$$\sigma_z \otimes I = \begin{pmatrix} \langle uu|\sigma_z I|uu\rangle & \langle uu|\sigma_z I|ud\rangle & \langle uu|\sigma_z I|du\rangle & \langle uu|\sigma_z I|dd\rangle \\ \langle ud|\sigma_z I|uu\rangle & \langle ud|\sigma_z I|ud\rangle & \langle ud|\sigma_z I|du\rangle & \langle ud|\sigma_z I|dd\rangle \\ \langle du|\sigma_z I|uu\rangle & \langle du|\sigma_z I|ud\rangle & \langle du|\sigma_z I|du\rangle & \langle du|\sigma_z I|dd\rangle \\ \langle dd|\sigma_z I|uu\rangle & \langle dd|\sigma_z I|ud\rangle & \langle dd|\sigma_z I|du\rangle & \langle dd|\sigma_z I|dd\rangle \end{pmatrix}$$

$$（7-2）$$

为了计算出这些矩阵元，我们允许σ_z和I分别作用在态矢量的左边和右边。假设I作用在右边而σ_z作用在左边，由于I什么都不影响，我们把全部的注意力放在σ_z对左矢量的作用上，也就是在右矢量中，σ_z只作用在最左边（爱丽丝）的态标记上。使用前面公式 6-6 和公式 6-7 的规则，可以用内积的矩阵元解出σ_z算符：

---

[1] 当然，我们可以用其他的基底矢量，比如$|rr\rangle$、$|rl\rangle$等，这样将会得到不同的矩阵元。

$$\sigma_z \otimes I = \begin{pmatrix} \langle uu|uu \rangle & \langle uu|ud \rangle & \langle uu|du \rangle & \langle uu|dd \rangle \\ \langle ud|uu \rangle & \langle ud|ud \rangle & \langle ud|du \rangle & \langle ud|dd \rangle \\ -\langle du|uu \rangle & -\langle du|ud \rangle & -\langle du|du \rangle & -\langle du|dd \rangle \\ -\langle dd|uu \rangle & -\langle dd|ud \rangle & -\langle dd|du \rangle & -\langle dd|dd \rangle \end{pmatrix} \quad （7-3）$$

利用本征矢量的正交性，矩阵化简为：

$$\sigma_z \otimes I = \begin{pmatrix} 1 & 0 & 0 & 0 \\ 0 & 1 & 0 & 0 \\ 0 & 0 & -1 & 0 \\ 0 & 0 & 0 & -1 \end{pmatrix} \quad （7-4）$$

那么如何把本征矢量 $|uu\rangle$、$|ud\rangle$、$|du\rangle$ 和 $|dd\rangle$ 写成列矢量呢？现在我想告诉你我们会把 $|uu\rangle$ 和 $|du\rangle$ 表示成：

$$|uu\rangle = \begin{pmatrix} 1 \\ 0 \\ 0 \\ 0 \end{pmatrix}$$

$$|du\rangle = \begin{pmatrix} 0 \\ 0 \\ 1 \\ 0 \end{pmatrix} \quad （7-5）$$

让我们看看把 $\sigma_z \otimes I$ 作用在其上会得到什么，先计算 $|uu\rangle$ 的结果：

$$\begin{pmatrix} 1 & 0 & 0 & 0 \\ 0 & 1 & 0 & 0 \\ 0 & 0 & -1 & 0 \\ 0 & 0 & 0 & -1 \end{pmatrix}\begin{pmatrix} 1 \\ 0 \\ 0 \\ 0 \end{pmatrix} = \begin{pmatrix} 1 \\ 0 \\ 0 \\ 0 \end{pmatrix}$$

也就是：

$$(\sigma_z \otimes I)|uu\rangle = |uu\rangle$$

这与我们所期待的结果是一致的。那么把同一个矩阵用在公式 7-5 中的 $|du\rangle$ 上会怎么样呢？计算的结果应该等于 $-|du\rangle$。

使用分量矩阵构造张量积矩阵

上述计算矩阵元的方法是通用的，也就是可以应用于所有力学量。对于两个已知矩阵元的算符，要构造它们的张量积，只要把它们的分量直接结合起来就行了。来看看下面是如何把 2×2 矩阵结合成 4×4 矩阵的：

$$A \otimes B = \begin{pmatrix} A_{11}B & A_{12}B \\ A_{21}B & A_{22}B \end{pmatrix} \qquad (7\text{-}6)$$

或者

$$A \otimes B = \begin{pmatrix} A_{11}B_{11} & A_{11}B_{12} & A_{12}B_{11} & A_{12}B_{12} \\ A_{11}B_{21} & A_{11}B_{22} & A_{12}B_{21} & A_{12}B_{22} \\ A_{21}B_{11} & A_{21}B_{12} & A_{22}B_{11} & A_{22}B_{12} \\ A_{21}B_{21} & A_{21}B_{22} & A_{22}B_{21} & A_{22}B_{22} \end{pmatrix} \qquad (7\text{-}7)$$

这一模式可以套用在任意大小的矩阵上，这种类型的矩阵乘法有时叫作克罗内克积，一个只应用在矩阵中的术语，它是矩阵版的张量积。两个 2×2 矩阵克罗内克积的结果是 4×4 矩阵，对于任意大小的矩阵套路都是类似的。一般来说，一个 $m \times n$ 矩阵和 $p \times q$ 矩阵的克罗内克积的结果是个 $mp \times nq$ 矩阵。

这一方法也可以完美地应用在行矢量和列矢量上，因为其实它们也是矩阵。两个 2×1 的列矢量的张量积是一个 4×1 的列矢量，如果我们用和来代表两个 2×1 的列矢量，它们的张量积如下：

$$\begin{pmatrix} a_{11} \\ a_{21} \end{pmatrix} \otimes \begin{pmatrix} b_{11} \\ b_{21} \end{pmatrix} = \begin{pmatrix} a_{11}b_{11} \\ a_{11}b_{21} \\ a_{21}b_{11} \\ a_{21}b_{21} \end{pmatrix} \qquad (7\text{-}8)$$

让我们来看看如何把这个用在爱丽丝和鲍勃上。我们首先要把 $|u\rangle$ 和 $|d\rangle$ 作为 "积木"，来构造 4 个张量积的基底矢量，回忆第 2 讲中的公式 2-11 和公式 2-12：

$$|u\rangle = \begin{pmatrix} 1 \\ 0 \end{pmatrix}$$

$$|d\rangle = \begin{pmatrix} 0 \\ 1 \end{pmatrix}$$

如果我们把 $|u\rangle$ 和 $|d\rangle$ 适当地结合，然后代入公式 7-8，4×1 的列矢量就是：

$$|uu\rangle = \begin{pmatrix} 1 \\ 0 \end{pmatrix} \otimes \begin{pmatrix} 1 \\ 0 \end{pmatrix} = \begin{pmatrix} 1 \\ 0 \\ 0 \\ 0 \end{pmatrix}$$

$$|ud\rangle = \begin{pmatrix} 1 \\ 0 \end{pmatrix} \otimes \begin{pmatrix} 0 \\ 1 \end{pmatrix} = \begin{pmatrix} 0 \\ 1 \\ 0 \\ 0 \end{pmatrix}$$

$$|du\rangle = \begin{pmatrix} 0 \\ 1 \end{pmatrix} \otimes \begin{pmatrix} 1 \\ 0 \end{pmatrix} = \begin{pmatrix} 0 \\ 0 \\ 1 \\ 0 \end{pmatrix}$$

$$|dd\rangle = \begin{pmatrix} 0 \\ 1 \end{pmatrix} \otimes \begin{pmatrix} 0 \\ 1 \end{pmatrix} = \begin{pmatrix} 0 \\ 0 \\ 0 \\ 1 \end{pmatrix} \qquad (7\text{-}9)$$

接下来，我们还是使用公式 7-7 中的规则来结合算符 σ_z 与 τ_x，它们的矩阵表示可以在公式 3-2 中找到，根据上面的规则给出张量积矩阵：

$$\sigma_z \otimes \tau_x = \begin{pmatrix} 1 & 0 \\ 0 & -1 \end{pmatrix} \otimes \begin{pmatrix} 0 & 1 \\ 1 & 0 \end{pmatrix} = \begin{pmatrix} 0 & 1 & 0 & 0 \\ 1 & 0 & 0 & 0 \\ 0 & 0 & 0 & -1 \\ 0 & 0 & -1 & 0 \end{pmatrix}$$

相比较，σ_x 与 τ_z 的张量积是：

$$\sigma_x \otimes \tau_z = \begin{pmatrix} 0 & 1 \\ 1 & 0 \end{pmatrix} \otimes \begin{pmatrix} 1 & 0 \\ 0 & -1 \end{pmatrix} = \begin{pmatrix} 0 & 0 & 1 & 0 \\ 0 & 0 & 0 & -1 \\ 1 & 0 & 0 & 0 \\ 0 & -1 & 0 & 0 \end{pmatrix}$$

注意，$\sigma_z \otimes \tau_x$ 的结果和 $\sigma_x \otimes \tau_z$ 的并不相等，这很正常，因为它们并不是同一个力学量。

到目前为止都没有什么问题，但接下来我们就会看到一些有趣的事情了。通过这些练习，你认识到克罗内克积真的是矩阵的张量积。换句话说，矩阵的爱丽丝那一半只会影响列矢量中对应于爱丽丝的那一半，鲍勃也是类似的。这有点微妙，毕竟克罗内克积就是要把不同的块混搭起来。

让我们看看 $\sigma_z \otimes \tau_x$ 是如何作用在 $|ud\rangle$ 上，把抽象的符号转化为分量形式的。我们可以将其写作：

$$\left(\sigma_z \otimes \tau_x\right)|ud\rangle = \begin{pmatrix} 0 & 1 & 0 & 0 \\ 1 & 0 & 0 & 0 \\ 0 & 0 & 0 & -1 \\ 0 & 0 & -1 & 0 \end{pmatrix} \begin{pmatrix} 0 \\ 1 \\ 0 \\ 0 \end{pmatrix} = \begin{pmatrix} 1 \\ 0 \\ 0 \\ 0 \end{pmatrix}$$

把最右边的列矢量换成公式 7-9 中的 $|uu\rangle$，重写回抽象

记号，得到：

$$\left(\sigma_z \otimes \tau_x\right)\left|ud\right\rangle = \left|uu\right\rangle$$

这正是我们想要的结果，抽象算符和态矢量的矩阵表示重现了已知的结果。

接下来的练习会让你坚信 $\sigma \otimes \tau$ 中的 σ 只影响爱丽丝那一半，而 τ 只影响鲍勃那一半。第二个练习是关于求解算符的矩阵元的，假设我们已经知道了算符作用在基底的结果。

量子力学练习

练习 7-1： 写出张量积 $I \otimes \tau_x$ 的矩阵形式，并将这个矩阵应用到每一个列矢量 $\left|uu\right\rangle$、$\left|ud\right\rangle$、$\left|du\right\rangle$ 和 $\left|dd\right\rangle$ 上。证明在这个过程中，爱丽丝那一半没有受到影响。（回想 I 是一个 2×2 的单位矩阵。）

练习 7-2： 运用我们在公式 7-2 中所用的内积方法求张量积 $\sigma_z \otimes \tau_x$ 的矩阵元。

第三个练习有点长，但是可以让你放下心来。考虑下面这个方程：

$$(A \otimes B)(a \otimes b) = (Aa \otimes Bb) \qquad （7\text{-}10）$$

就像公式 7-7 和公式 7-8 中那样，A 和 B 代表 2×2 的矩阵（对应算符），而 a 和 b 是 2×1 的列矢量，这个练习就是要求你把方程展开为分量形式，并证明等式成立。

Quantum
Mechanics

量子力学练习

练习 7-3：

  a）用分量形式重新写出公式 7-10，用矩阵和列矢量代替公式 7-7 和公式 7-8 中的符号 A、B 和 a、b。

  b）解出方程右边的矩阵乘法 Aa 和 Bb，验证它们都是 4×1 的矩阵。

  c）展开这 3 个克罗内克积。

  d）验证每个克罗内克积的行与列的大小：

● $A \otimes B$：4×4

- $a \otimes b$：4×1
- $Aa \otimes Bb$：4×1 [①]

e）验证方程左边的矩阵乘法得到的是一个 4×1 的列矢量，且每一项都是 4 个分离项的和。

f）最后验证得到的列矢量左边和右边相等。

数学准备：外积

对于给定的左矢量 $\langle \phi |$ 和右矢量 $| \psi \rangle$，我们可以构造内积 $\langle \phi | \psi \rangle$，正如你看到的那样，内积的结果是个复数。然而，还有另外一种乘积的定义叫作外积，写作：

$$| \psi \rangle \langle \phi |$$

外积的结果不是一个数，而是一个线性算符。让我们考虑一下 $| \psi \rangle \langle \phi |$ 作用在另一个右矢量 $| A \rangle$ 上的结果：

---

① 原文为 4×4，有误，故改正为 4×1。——译者注

$$|\psi\rangle\langle\phi||A\rangle$$

在这个例子中，我们没有使用圆括号，而是使用空格来表示如何分组。记住，所有带着左矢量、右矢量的算符与线性算符都是可以结合的，也就是可以自由地按照喜欢的方式来组合，唯一需要保持的就是从左到右的顺序 [1]。所以外积的作用非常简单，可以定义如下：

$$|\psi\rangle\langle\phi||A\rangle \equiv |\psi\rangle\langle\phi|A\rangle$$

换句话说，我们取 $\langle\phi|$ 和 $|A\rangle$（结果是一个复数），然后将它们乘以右矢量 $|\psi\rangle$。左矢量和右矢量记号是非常有效的，它给了我们一个应用上的定义，这正是保罗·狄拉克的天才之处。不难证明外积也能够作用在左矢量上，比如：

$$\langle B||\psi\rangle\langle\phi| \equiv \langle B|\psi\rangle\langle\phi|$$

使用右矢量和它相应的左矢量构成的外积 $|\psi\rangle\langle\psi|$ 是一个特例，如果 $|\psi\rangle$ 是归一的，那么这个算符叫作投影算符，它作用的方式是：

---

[1] 有时我们也可以改变顺序，但是那需要非常小心。

$$|\psi\rangle\langle\psi||A\rangle=|\psi\rangle\langle\psi|A\rangle$$

注意，这个结果总是正比于 $|\psi\rangle$ 的，而投影算符正是把一个矢量投影到 $|\psi\rangle$ 的方向上。下面是一些很容易证明的投影算符的属性（记得 $|\psi\rangle$ 是归一的）：

● 投影算符是厄米的。

● 矢量 $|\psi\rangle$ 是投影算符的本征矢量，其本征值是 1：

$$|\psi\rangle\langle\psi||\psi\rangle=|\psi\rangle$$

● 任何与 $|\psi\rangle$ 正交的矢量也是本征矢量，它的本征值是 0，所以 $|\psi\rangle\langle\psi|$ 的本征值不是 1 就是 0，并且唯一的本征矢量就是 $|\psi\rangle$ 自己，本征值为 1。

● 投影算符的平方也是投影算符本身：

$$|\psi\rangle\langle\psi|^2=|\psi\rangle\langle\psi|$$

● 一个算符（或者任何一个方阵）的迹（trace）的定义是其对角元素的和。迹的符号为 Tr，我们可以定义算符 L 的迹为：

$$TrL=\sum_i\langle i|L|i\rangle$$

也就是 L 的对角矩阵元之和。投影算符的迹为 1，这是因为厄米算符的迹总是本征值的和[①]。

- 如果我们把一套基底的所有投影算符加起来，会得到一个单位算符：

$$\sum_i |i\rangle\langle i| = I \tag{7-11}$$

还有关于投影算符和期望值的一个非常重要的定理，求解 $|\psi\rangle$ 态的任何力学量 L 的期望值都可以使用下式：

$$\langle\psi|L|\psi\rangle = Tr\,|\psi\rangle\langle\psi|L \tag{7-12}$$

证明的步骤如下：

选任意一个基底 $|i\rangle$，然后根据迹的定义，写作

$$Tr\,|\psi\rangle\langle\psi|L = \sum_i \langle i|\psi\rangle\langle\psi|L|i\rangle$$

---

① 一个厄米矩阵 M 可以通过变换 $P^\dagger MP$ 来对角化，其中 P 是一个单位矩阵，它的每一列都是 M 的一个本征矢量。这样的变换不会改变 M 的迹，我们尚未证明这个著名的结果。

求和符号后边的两个因子都是数字，所以我们可以颠倒这两项的顺序：

$$Tr|\psi\rangle\langle\psi|L = \sum_i \langle\psi|L|i\rangle\langle i|\psi\rangle$$

使用公式 $\sum|i\rangle\langle i| = I$，得到：

$$Tr|\psi\rangle\langle\psi|L = \langle\psi|L|\psi\rangle$$

等号右边正是 L 的期望值。

密度矩阵：一个新工具

到目前为止，我们已经学习了如何对已知完整量子态的系统进行预测。但是更常见的情况是，我们并不了解一个系统的全部。比如爱丽丝使用仪器沿着某个方向制备了一个自旋，然后她把这个自旋交给鲍勃，但不告诉他制备自旋时仪器指向哪个轴的方向，或许可以告诉他一部分的信息，比如轴的方向是 x 和 z 中的一个，但仅此而已。这时鲍勃该怎么办呢？他该如何利用现有的信息去做预测呢？

鲍勃开始如下的推理：如果爱丽丝制备的自旋处于 $|\psi\rangle$ 态，那么任何一个力学量 L 的期望值是：

$$Tr|\psi\rangle\langle\psi|L = \langle\psi|L|\psi\rangle$$

此外，如果爱丽丝制备自旋的态是 $|\phi\rangle$，那么 L 的期望值就是：

$$Tr|\phi\rangle\langle\phi|L = \langle\phi||L|\phi\rangle$$

要是她制备到 $|\psi\rangle$ 态的概率是 50%，而制备到 $|\phi\rangle$ 态的概率也是 50% 的话，该怎么算？显然，这时的期望值是：

$$\langle L\rangle = \frac{1}{2}Tr|\psi\rangle\langle\psi|L + \frac{1}{2}Tr|\phi\rangle\langle\phi|L$$

我们所做的不过是把鲍勃所缺失的信息进行平均。

我们可以把这几项结合成一个包含鲍勃所知信息的单一表达式，并将其称作密度矩阵 ρ。在这个例子中，密度矩阵一半是投影到 $|\phi\rangle$ 的投影算符，一半是投影到 $|\psi\rangle$ 的投影算符：

$$\rho = \frac{1}{2}|\psi\rangle\langle\psi| + \frac{1}{2}|\phi\rangle\langle\phi|$$

现在，我们已经把鲍勃知道的所有信息都打包进算符 ρ 中去了。如此一来，计算期望值就变得简单了：

$$\langle L \rangle = Tr\ \rho L \qquad\qquad （7-13）$$

我们可以进一步推广，假如爱丽丝告诉鲍勃她制备了一个新态，这个新态可能是 $|\phi_1\rangle$、$|\phi_2\rangle$、$|\phi_3\rangle$ 等几个态中的一个，并且她还告知处于每一个态的概率是 P_1、P_2、$P_3\cdots$。这样一来，鲍勃就可以用类似的方式将这些内容全部包含进密度矩阵：

$$\rho = P_1|\phi_1\rangle\langle\phi_1| + P_2|\phi_2\rangle\langle\phi_2| + P_3|\phi_3\rangle\langle\phi_3| + \cdots$$

而且，他还能使用和公式 7-13 完全一样的公式来计算期望值。

当密度矩阵只对应于单个态时，那它就是一个投影算符，并投影到那个态的方向上。这种情况下，我们把它叫作纯态。纯态代表着鲍勃对量子态所能获得的最大信息量。但更一般的情况是，密度矩阵是几个投影算符的组合，我们说这样的密度矩阵表示了一个混合态。

我们已经使用了密度矩阵这个词，但是严格说来，ρ 是一个算符，只有在选定了基底的条件中，才是一个矩阵。假设我们选择了基底 $|a\rangle$，那么密度矩阵正是 ρ 在该基底下的矩阵表示：

$$\rho_{aa'} = \langle a|\rho|a'\rangle$$

如果 L 的矩阵表示是 $L_{a',a}$，则公式 7-13 变成：

$$\langle L\rangle = \sum_{a,a'} L_{a',a}\rho_{a,a'} \tag{7-14}$$

纠缠与密度矩阵

经典物理学中也有纯态与混合态的概念，虽然它们有其他的名字。为了形象地表达，让我们考虑一个沿着某个方向运动的双粒子系统。根据经典力学的规则，只要知道了某个时刻粒子的位置（x_1 与 x_2）和动量（p_1 与 p_2），就可以计算出粒子的轨迹。因此系统态可以使用 4 个数字来确定：x_1、x_2、p_1 与 p_2。只要知道了这 4 个数字，就能完整地描述出这个双粒子系统的全部。我们称之为经典纯态。

然而，通常我们是没法知道全部信息的，只能大概地了解一个系统，也就是这些信息都包含在概率密度之中：

$$\rho(x_1, x_2, p_1, p_2)$$

一个经典纯态不过是概率密度的一个特例，即只有一个点处的 ρ 不为 0，但更为一般的情况下，ρ 会被"抹开"（smeared out）[①] 到其他的点上，我们称之为经典混合态。当 ρ 被"抹开"的时候，就意味着我们对系统的认知是不完备的。"抹开"得越厉害，我们知道得就越少。

通过下面这个例子你或许就能明白。如果知道了两个粒子组成的系统的纯态，那就知道了其中每个粒子的全部信息，换言之，一个双经典粒子的纯态也意味着其中的每个粒子都是纯态。

[①] 抹开的意思是，不仅是在一点上，而且是在其参数的一定范围内，$\rho(x_1, x_2, p_1, p_2)$ 都是非零的，这个范围越大，ρ 被"抹开"的程度就越大。

但是这对于相互纠缠的量子系统来说是绝对不可能的，复合系统的态可以是全纯的，但是其中的每一部分都必须用混合态来描述。

让我们考虑含有 A 和 B 两个部分的系统。它可以是双自旋或者其他的复合系统。

在这种情况下，我们假设爱丽丝完全了解了这个复合系统的信息，也就是她已经知道了波函数：

$$\Psi(a, b)$$

这里并没有损失关于混合态的信息。然而，爱丽丝对 B 部分并不感兴趣，相反，她想要在不看 B 的情况下，尽可能多地了解 A 的信息，她选择了一个属于 A 的力学量 L，它作用在 B 上时什么也不会发生。计算 L 的期望值的公式是：

$$\langle L \rangle = \sum_{ab,\, a'b'} \Psi^*(a'b') L_{a'b',\, ab} \Psi(ab) \qquad (7\text{-}15)$$

至此，我们得到的都是一般性的结果，但如果力学量 L 只与 A 相关，则它作用在 B 上时什么事情也不会发生，所以我们可以将这个期望值写作：

$$\langle L \rangle = \sum_{a,\,b,\,a'} \Psi^*\left(a'b\right) L_{a',\,a} \Psi\left(ab\right)$$ （7-16）

现在，爱丽丝可以总结一下她所有的信息了，至少为了研究 A，她也会这样做。ρ 矩阵的形式是：

$$\rho_{aa'} = \sum_b \Psi^*\left(a'b\right) \Psi\left(ab\right)$$ （7-17）

令人惊讶的是，公式 7-16 与混合态期望值的公式 7-14 本质相同。其实，只有非常特殊的乘积态，ρ 才具有投影算符的形式。换句话说，尽管事实上复合系统由一个纯态描述，但子系统 A 还是要用一个混合态来描述的。

这里有一处关于密度矩阵的符号约定细节值得注意：在公式 7-17 中 ρ 的指标的右部，也就是 a'，在求和中对应复共轭的态矢量 $\Psi^*\left(a'b\right)$，这是因为我们做了如下约定：

$$L_{aa'} = \left\langle a \middle| L \middle| a' \right\rangle$$

通过标记算符 L 的矩阵元，把这个约定应用到下式：

$$\rho = |\Psi\rangle\langle\Psi|$$

得到：

$$\rho_{aa'} = \langle a|\Psi\rangle\langle\Psi|a'\rangle$$

或者

$$\rho_{aa'} = \Psi(a)\Psi^*(a')$$

两个自旋的纠缠

把你带入纠缠的世界之前，我要给你一个简单的定义和一次热身的机会。如果爱丽丝只有一个已知态的自旋，她的密度矩阵的定义应该是：

$$\rho_{aa'} = \psi^*(a')\psi(a)$$

这个方程告诉了我们如何去计算爱丽丝的密度矩阵的矩阵元。如果我们使用熟悉的 σ_z 作为基底，那么指标 a 和 a' 代表的就是上与下，也就是爱丽丝有一个 2×2 的密度矩阵。

量子力学练习

练习 7-4：计算下面的密度矩阵：

$$|\Psi\rangle = \alpha|u\rangle + \beta|d\rangle$$

结果为：

$$\psi(u) = \alpha; \quad \psi^*(u) = \alpha^*$$
$$\psi(d) = \beta; \quad \psi^*(d) = \beta^*$$
$$\rho_{aa'} = \begin{pmatrix} \alpha^*\alpha & \alpha^*\beta \\ \beta^*\alpha & \beta^*\beta \end{pmatrix}$$

现在尝试为 α 和 β 取一些具体的数值，但要确保它们满足归一性，比如 $\alpha = \dfrac{1}{\sqrt{2}}$、$\beta = \dfrac{1}{\sqrt{2}}$。

这个简单的例子对于理解密度矩阵的性质很有帮助，你可以在遇到复杂的纠缠态问题时回过头来看一看这个例子。

假设已知一个复合系统的波函数：

$$\psi(a, b)$$

由于我们只对爱丽丝那部分子系统感兴趣，所以需要跟踪爱丽丝测量的所有结果。那么，我们一定要知道全部的波函数吗？或者说，存在可以去掉鲍勃变量的办法吗？第二个问题的答案是肯定的，我们可以使用密度矩阵 ρ 来捕获爱丽丝部分的完整描述。

假设有一个爱丽丝系统的力学量 L，就像任何一个力学量，它当然可以用下面这个矩阵来表示：

$$L_{a'b', ab} = \left\langle a'b' \middle| L \middle| ab \right\rangle$$

记住，对于复合系统，这一对 ab 只是一个指标，标记了一个基底矢量。

当我们说 "L 是个爱丽丝 - 力学量"，实际的意思就是它对鲍勃那半边的态标记不产生影响，这会对 L 的形式有一定的限制。思路是过滤掉 L 矩阵中任何会对鲍勃态标记产生影响的矩阵元（也就是设为 0）。换句话说，L 具有下列形式：

$$L_{a'b',ab} = L_{a'a}\delta_{b'b} \qquad\qquad （7\text{-}18）$$

这个看起来简洁的方程需要一些解释，你可能需要回顾第 6 讲"数学准备：张量积"中有关分量形式下的张量积的内容，方程的左边是一个 4×4 矩阵中的一个矩阵元，其中每一对指标都可以取 4 个不同的值：uu、ud、du 或者 dd，方程右边的矩阵元 $L_{a'a}$ 也有两个指标，但每一个都只能取 u 或者 d。实际上，在公式 7-18 的等号两边，同样的符号 L 代表的是不同的矩阵。

初看起来，好像我们让一个 4×4 的矩阵和一个 2×2 的矩阵相等，这是一个问题。然而 $\delta_{b'b}$ 可以使得所有这一切变得合理，实际上 $L_{a'a}\delta_{b'b}$ 是两个 2×2 矩阵的张量积的一个矩阵元，这个张量积是一个 4×4 的矩阵[①]。可以这样来解读公式 7-18：

> $L_{a'b',ab}$ 是一个 4×4 的矩阵，可以认为它是 $L_{a'a}$ 与 $\delta_{b'b}$ 这两个 2×2 矩阵的张量积，其中 $\delta_{b'b}$ 是个 2×2 的单位矩阵。

[①] 我们也可以把它称作克罗内克积，因为我们使用的是矩阵的语言，从我们的目标来看，这些形式上的差别并不重要。

现在，让我们使用复合系统的完整形式来计算 L（4×4 矩阵）的数学期望：

$$\langle \Psi | L | \Psi \rangle = \sum_{a,b,a',b'} \psi^* (a',b') L_{a'b',ab} \psi (a,b)$$

我说过，这里面有很多指标，但使用矩阵 L 的具体形式会使问题变得更加容易。公式 7-18 中的 $\delta_{b'b}$ 是一个克罗内克符号，它会过滤掉任何改变鲍勃半边指标的矩阵元，并不改变留下来的其他矩阵元。由此，我们设 $b' = b$，得到：

$$\langle \Psi | L | \Psi \rangle = \sum_{a',b,a} \psi^* (a',b) L_{a',a} \psi (a,b) \qquad (7\text{-}19)$$

暂时忽略对 a 与 a' 的求和，集中精力处理对 b 的求和。我们将遇到物理量：

$$\rho_{a'a} = \sum_b \psi^* (a,b) \psi (a',b) \qquad (7\text{-}20)$$

而 2×2 矩阵 $\rho_{a'a}$ 是爱丽丝的密度矩阵，注意 $\rho_{a'a}$ 并不依赖任何形式的 b，因为它已经对 b 求过和了，它纯粹是爱丽丝变量 a 与 a' 的函数。实际上，此处的方程中还留着 b 只是作为例子，为了方便承接后面的内容。

可以通过插入公式 7-20 的 $\rho_{a'a}$ 来简化公式 7-19（2×2 矩阵），L 的数学期望值就变成：

$$\langle L \rangle = \sum_{a'a} \rho_{a'a} \, L_{a,a'} \qquad (7\text{-}21)$$

通过对 b 求和，我们可以把一个 4×4 的矩阵压缩成一个 2×2 的矩阵，这是有意义的。因为我们期待一个作用在复合系统上的算符矩阵是 4×4 的，而爱丽丝算符的矩阵是 2×2 的。

注意：公式 7-21 的右边是矩阵对角元的求和，也就是说，这是矩阵 ρL 的迹，可以写作：

$$\langle L \rangle = Tr\, \rho L$$

通过上述内容，我们学到了：为了计算爱丽丝的密度矩阵 ρ，我们可能需要知道全部波函数，包括对鲍勃变量的依赖关系，但是一旦知道了 ρ，我们就可以忘掉它的出处，使用它来计算任何关于爱丽丝的力学量。例如，我们可以使用 ρ 来计算概率 $P(a)$，一旦进行测量，爱丽丝的系统将处于

a 的概率范围。为了得到 $P(a)$，我们从 $P(a, b)$ 入手。复合系统处于态 $|ab\rangle$ 的概率是：

$$P(a, b) = \psi^*(a, b) \psi(a, b)$$

利用标准的计算概率的方法，只要对 b 求和，就能得到 a 的概率：

$$P(a) = \sum_b \psi^*(a, b) \psi(a, b)$$

这正是密度矩阵的对角项：

$$P(a) = \rho_{aa} \qquad (7\text{--}22)$$

下面是密度矩阵的一些性质：

● 密度矩阵是厄米的：

$$\rho_{aa'} = \rho^*_{a'a}$$

● 密度矩阵的迹为 1：

$$Tr(\rho) = 1$$

公式 7-22 清楚地展示了这一点，因为等号左边就是概率。

● 密度矩阵的本征值都是 0 ～ 1 的正数，它遵循如果有一个本征值为 1，那么其他所有本征值都为 0 的规律。

● 对于一个纯态：

$$\rho^2 = \rho$$
$$Tr(\rho^2) = 1$$

● 对于纠缠态或者混合态：

$$\rho^2 \neq \rho$$
$$Tr(\rho^2) < 1$$

最后两条性质给出了一个清晰的数学方法，用以区别纯态和混合态。一个纠缠态的子系统（比如单态中爱丽丝的一半）是一个混合态。

现在值得花一点时间再深入想一想这两个性质。为了简化，我们假设 ρ 是一个对角矩阵。换句话说，所有非对角的矩阵元都是 0。这样的简化不会造成有任何损失，因为 ρ 是个厄米矩阵，而任何一个厄米矩阵在适当的基底下，都能够表达成一个对角阵 ①。计算对角阵的平方很容易，只要对每个矩阵元分别取平方即可。由于 ρ 是混合态，所以 ρ 的对角元的和要归一，而每一个对角元本身都不等于 1，否则 ρ 就是纯态了。因此 ρ 至少有两个对角元是小于 1 的正数，平方之后 ρ^2 的新对角元的数值会更小，这就解释了混合态所具有的两条性质。

在你尝试做下个练习之前，我还要再提一点迹的内容。迹有很多好玩的数学性质，其中很有用的一个就是，两个矩阵乘积的迹并不依赖于乘积的顺序：

$$Tr\ AB = Tr\ BA$$

即使 $AB \neq BA$，结果依然如此。

我之所以要说这一点，是因为在后面你将会看到两个矩阵的迹 $Tr\ L\rho$ 写成了 $Tr\ \rho L$，这两个表达其实是等价的。

---

① 正如我们在前文提到的，厄米矩阵 M 可以通过变换 $P^{\dagger}MP$ 实现对角化，P 是幺正矩阵，其每一列都是 M 的本征矢量。

量子力学练习

练习 7-5：

a）证明

$$\begin{pmatrix} a & 0 \\ 0 & b \end{pmatrix}^2 = \begin{pmatrix} a^2 & 0 \\ 0 & b^2 \end{pmatrix}$$

b）现在假设有一个矩阵：

$$\rho = \begin{pmatrix} \dfrac{1}{3} & 0 \\ 0 & \dfrac{2}{3} \end{pmatrix}$$

请计算：

$$\rho^2$$
$$Tr(\rho)$$
$$Tr(\rho^2)$$

c）如果 ρ 是一个密度矩阵，它代表的是一个纯态还是混合态？

练习 7-6：使用公式 7-22 证明，对于密度矩阵 ρ，有

$$Tr(\rho) = 1$$

一个具体的例子：计算爱丽丝的密度矩阵

到目前为止我们所讨论的密度矩阵，对于读者来说也许有点抽象，下面的例子应该对进一步理解密度矩阵有所帮助。回忆一下爱丽丝密度矩阵的定义，也就是公式 7-20：

$$\rho_{a'a} = \sum_b \psi^*(a,b)\psi(a',b) \qquad (7\text{-}23)$$

现在考虑应用态矢量：

$$|\Psi\rangle = \frac{1}{\sqrt{2}}\left(|ud\rangle + |du\rangle\right)$$

注意，其中两个基底的系数都是 $\frac{1}{\sqrt{2}}$，而另外两个的系数为 0。态已经归一了，因为系数的平方和为 1。同时 4 个系数刚好都是实数，这样一来复共轭的计算就更为简化了。

让我们计算对于这个态的爱丽丝的密度矩阵。首先列举出对于所有可能的输入 a 与 b 的 $\psi(a,b)$ 数值。回忆前文可知，它们正是基底矢量的系数：

$$\psi(u,u) = 0$$

$$\psi(u,d) = \frac{1}{\sqrt{2}}$$

$$\psi(d,u) = \frac{1}{\sqrt{2}}$$

$$\psi(d,d) = 0$$

接下来我们展开对公式 7-23 的求和，结合展开式并使用上述 4 个方程来计算爱丽丝的密度矩阵元。在展开时，注意对每一个 $\psi^*(a,b)\psi(a',b)$ 因子，鲍勃的输入都是相同的，缺乏这一属性的项我们都可以丢弃。这正是我们前面所说的"在求和的时候设置 $b'=b$"。所以展开为：

$$\rho_{uu} = \psi^*(u,u)\psi(u,u) + \psi^*(u,d)\psi(u,d) = \frac{1}{2}$$

$$\rho_{ud} = \psi^*(u,u)\psi(d,u) + \psi^*(u,d)\psi(d,d) = 0$$

$$\rho_{du} = \psi^*(d,u)\psi(u,u) + \psi^*(d,d)\psi(u,d) = 0$$

$$\rho_{dd} = \psi^*(d,u)\psi(d,u) + \psi^*(d,d)\psi(d,d) = \frac{1}{2}$$

由这些值组成的 2×2 矩阵为：

$$\rho = \begin{pmatrix} \frac{1}{2} & 0 \\ 0 & \frac{1}{2} \end{pmatrix} \tag{7-24}$$

该矩阵的迹为 1。我们的密度矩阵计算完成。[①]

Quantum
Mechanics
量子力学练习

练习 7-7：使用公式 7-24 计算 ρ^2，其结果如何证明 ρ
代表了一个纠缠态？我们很快就会发现检验
纠缠态还有其他的方法。

练习 7-8：考虑下面的态：

$$|\psi_1\rangle = \frac{1}{\sqrt{2}}\big(|uu\rangle + |ud\rangle + |du\rangle + |dd\rangle\big)$$

$$|\psi_2\rangle = \frac{1}{\sqrt{2}}\big(|uu\rangle + |dd\rangle\big)$$

$$|\psi_3\rangle = \frac{1}{5}\big(3|uu\rangle + 4|ud\rangle\big)$$

计算每一个态对应的爱丽丝的密度矩阵和鲍
勃的密度矩阵，并检验它们的性质。

①阿特真是个诗人，而他自己还未意识到。

纠缠的检验

假设给你一个复合系统 S_{AB} 的波函数：

$$\psi(a,b)$$

你如何判断它所对应的是一个纠缠态？我指的是如何从数学处理上而非实验验证上去分辨。一个相关的问题是：存在不同程度的纠缠吗？如果存在，如何去量化它们？

纠缠是量子力学对相关性的泛化，它意味着爱丽丝可以通过对系统中自己那部分的测量来推断鲍勃那部分的内容。在之前章节中的经典物理学列子中，我用硬币的例子展示了所谓相关性的思想。如果爱丽丝看了查理给她的硬币，她就不只知道了自己手里的那枚到底是一角的还是一分的，同时也知道了鲍勃手里的那一枚是什么。这就是从实验角度描述的图景。而相关性在数学上的表述则是，概率函数 $P(a,b)$ 是不可因式分解的（也就是不能表达成公式 6-3 那样）。就如公式 6-2 所描述的那样，只要概率函数是不可分解的，那么一定存在非零的相关性。

纠缠的相关性检验

让我们假设 A 代表爱丽丝的力学量，而 B 代表鲍勃的力学量。那么它们之间的相关性可以通过两个各自的力学量以及乘积的平均值（也就是数学期望）来定义，如果假设它们的数学期望分别是：

$$\langle A \rangle$$
$$\langle B \rangle$$
$$\langle AB \rangle$$

则 A 与 B 的相关系数 $C(A, B)$ 的定义为：

$$C(A, B) = \langle AB \rangle - \langle A \rangle \langle B \rangle$$

Quantum
Mechanics

量子力学练习

练习 7-9： 给定爱丽丝的力学量 A 与鲍勃的力学量 B，
证明一个乘积态的相关系数 $C(A, B)$ 为 0。

从这个练习中，我们可以学习到一些关于纠缠的内容，如果系统所处的态对于任意两个力学量 A 与 B 都是相关的，也就是 $C(A,B) \neq 0$，那么这个态就是纠缠态。相关系数的取值为 $-1 \sim +1$，两端的取值分别代表最大负相关与最大正相关，$C(A,B)$ 的绝对值越大，代表纠缠得越厉害。如果 $C(A,B) = 0$，则代表 A 和 B 完全不相关（没有发生纠缠）。

纠缠的密度矩阵检验

为了计算相关性，除了系统波函数之外，对于系统中鲍勃和爱丽丝两个部分，你都要了解。而纠缠还有另外一个检验，它只要求我们知道爱丽丝（或者鲍勃）的密度矩阵即可。让我们假设态 $|\Psi\rangle$ 是鲍勃项 $|\phi\rangle$ 与爱丽丝项 $|\psi\}$ 的乘积态，这意味着复合波函数也是鲍勃项与爱丽丝项的乘积：

$$\psi(a,b) = \psi(a)\phi(b)$$

现在，我们来计算爱丽丝的密度矩阵，使用定义公式 7-20，得到：

$$\rho_{a'a} = \psi^*(a)\psi(a') \sum_b \phi^*(b)\phi(b)$$

但如果鲍勃的态是归一的，那么：

$$\sum_b \phi^*(b)\phi(b) = 1$$

这就让爱丽丝的密度矩阵大为简化：

$$\rho_{a'a} = \psi^*(a)\psi(a') \tag{7-25}$$

注意，这里只依赖于爱丽丝的变量。有关爱丽丝系统，我们所需要知道的一切都包含在爱丽丝的波函数中，也许你对此并不意外。

现在我要证明一个关键的定理，是关于在乘积态假设下爱丽丝密度矩阵的本征值。它只对非纠缠态成立，并只能用来认证非纠缠态。这个定理就是：对于任意的乘积态，爱丽丝（或者鲍勃）的密度矩阵都有一个非零的本征值，且该本征值恰好为 1。我们从写出矩阵 ρ 的本征值方程出发：

$$\sum_{a'} \rho_{a'a}\alpha_{a'} = \lambda\alpha_a$$

换句话说就是，矩阵 ρ 作用在列矢量 α 上得到的结果是该矢

量乘以一个本征值 λ。使用公式 7-25 中 ρ 的简化形式可得：

$$\psi(a')\sum_a \psi^*(a)\alpha_a = \lambda\alpha_{a'} \qquad (7\text{-}26)$$

现在，你可能注意到了几个问题。下面这个物理量具有一个内积的形式：

$$\sum_a \psi^*(a)\alpha_a$$

如果列矢量 α 与 ψ 正交，则公式 7-26 的左边是 0，这个矢量也是 ρ 的本征矢量，其本征值为 0。

如果爱丽丝的态空间有 N_A 个维度，那么存在 N_A-1 个与 ψ 正交的矢量，它们每一个都是 ρ 的本征矢量，其本征值为 0。而在剩下的最后一个可能的方向上，还有一个本征值非零的本征矢量，名为 $\psi(a)$。实际上，我们插入 $\alpha_a=\psi(a)$ 就能得到这个本征矢量的本征值，它正是 1。

总结一下这个定理：如果爱丽丝 - 鲍勃复合系统处于乘积态，则爱丽丝（或者鲍勃）的密度矩阵有且只有一个等于 1 的本征值，其余的本征值都是 0。因此，这个具有非零本征值的本征矢量正是系统中爱丽丝部分的波函数。

在这一情况下，爱丽丝系统处于纯态，爱丽丝的所有力学量都可以被写出来，就好像鲍勃和他那一部分根本就不存在，而爱丽丝的系统是波函数为 $\psi(a')$ 的一个孤立系统一样。

与纯态相对的另一个极端就是最大纠缠态。它是由两个完全未知的子系统结合而成的，不过作为一个整体，系统可以被完整地描述，即可以达到量子力学所允许的完整性的极限。态 $|sing\rangle$ 是一个最大纠缠态。

当爱丽丝计算她的密度矩阵时就会发现一些令她很失望的事情：密度矩阵与一个单位矩阵成正比，其所有的本征值都一样，而且它们的和等于 1，也就是每个本征值都等于 $1/N_A$，写成等式就是：

$$\rho_{a'a} = \frac{1}{N_A}\delta_{a'a} \qquad (7\text{-}27)$$

为什么爱丽丝会失望呢？回到公式 7-22，这个等式意味着特定态 a 的概率等于 ρ 的对角元，而公式 7-27 说的正是所有的概率都相等。也就是每个允许的输出概率都相等，还有比这种毫无差别的概率分布更加没信息量的事情吗？

最大纠缠暗示着检验完全缺乏关于爱丽丝子系统的独立测量的信息。从另一方面来说，这也意味着爱丽丝和鲍勃的测量有着强相关。如果爱丽丝测量她的自旋的任何一个分量，她将同时自动获得鲍勃对同一个方向自旋测量的结果。这正是乘积态所排除的那一部分信息。

所以对每一种态来说，都有一部分是可以预测的，而另一部分则无法预测。对于乘积态，我们能够在统计上预测子系统的独立测量结果，但爱丽丝的测量无法告诉她鲍勃的信息；而最大纠缠态正好相反，爱丽丝对她自己的测量完全不能预测，但是对于她与鲍勃的测量的关系却非常清楚。

测量的处理

我们已经看到了，量子系统的演化方式看上去有着不可调和的矛盾：在两次测量之间算符的演化是幺正的，而当测量发生时波函数发生坍缩。这就引发了一些极富争议的讨论，以及对物理实在这一概念的认知混乱。我将远离这些争论而贴近事实本身，当你懂得了量子力学工作的方式之后，你才能够自己确定其中是否存在问题。

我们还要先提示一下，每次测量都要包含一个系统和一个仪器。但如果量子力学是自洽的理论，那就应该具有把单一的系统和仪器结合到更大系统中的能力。为了简化，我们假设这个系统是一个单自旋，仪器就是我们在本书开始的第1讲中使用的那个。仪器的显示窗上只能显示 3 个读数，第一个是空的，它代表仪器与自旋发生相关之前的一种中性态，另外两个读数是测量的两个可能的输出值：+1 和 -1。

如果仪器是一个量子系统（当然，它一定是），那么它可以使用一个态空间来描述。在最简单的描述中，仪器正好只有 3 个态：空态与两个可能的输出态。所以基底矢量就是：

$$|b\}$$
$$|+1\}$$
$$|-1\}$$

同时，可以将自旋的基态设置为通常的上与下：

$$|u\rangle$$
$$|d\rangle$$

从这两组基底矢量中，我们可以构造出一个复合（张量积）态空间，它拥有 6 个基底矢量：

$$|u,b\rangle$$
$$|u,+1\rangle$$
$$|u,-1\rangle$$
$$|d,b\rangle$$
$$|d,+1\rangle$$
$$|d,-1\rangle$$

系统与仪器相结合时所发生的细节可能是非常复杂的，但我们可以自由地假设一下复合系统的演化。我们假设仪器处于空态，而自旋处于向上的态，在仪器与自旋发生相互作用之后，最后得到的态（根据假设）是：

$$|u,+1\rangle$$

换句话说，相互作用没有改变自旋，而是把仪器置于了 +1 态，可以写作：

$$|u,b\rangle \rightarrow |u,+1\rangle \qquad (7\text{-}28)$$

类似地，我们可以要求当自旋处于向下的态时，仪器被置于 -1 态：

$$|d,b\rangle \rightarrow |d,-1\rangle \qquad (7\text{-}29)$$

所以，通过观察与自旋相互作用之后的仪器，你就能说出自旋的初始态。现在我们假设一个更一般的初始自旋态：

$$\alpha_u |u\rangle + \alpha_d |d\rangle$$

如果我们把仪器也作为系统的一部分加入进来，这个初始态就是：

$$\alpha_u |u,b\rangle + \alpha_d |d,b\rangle \qquad (7\text{-}30)$$

初始态是个乘积态，具体来说就是初始自旋的态与空态的乘积，你可以检验一下，它是完全没有纠缠的。

量子力学练习

练习 7-10：验证公式 7-30 的态矢量代表的是一个完全
没有发生纠缠的态。

公式 7-30 中的每一项的演化都能通过公式 7-28 和公式
7-29 得到，我们很容易就能得到最后的态：

$$\alpha_u \left| u,b \right\rangle + \alpha_d \left| d,b \right\rangle \rightarrow \alpha_u \left| u,+1 \right\rangle + \alpha_d \left| d,-1 \right\rangle$$

这个最终的态是一个纠缠态。实际上，如果 $\alpha_u = -\alpha_d$，
它就变成了最大纠缠的单态。当一个人看到仪器的读数时，
立刻就能知道自旋的态：如果仪器的读数是 +1，自旋就是
向上的；如果读数是 -1，自旋就是向下的。此外，最后仪
器显示 +1 的概率是：

$$\alpha_u^* \alpha_u$$

这一数字代表的是概率，它等于原始设定中自旋向上的

概率。在这种测量的描述中，波函数并不存在坍缩。相反，仪器与系统的纠缠仅仅来自态矢量的幺正演化。

唯一的问题是，在某种意义上，我们不过是推迟了困难出现的时间而已。它只是告诉你，当某个实验者（就选爱丽丝吧）看了仪器一眼时，仪器就"知道"自旋的态，这并不能令人满意。她这么做导致了复合系统的波函数坍缩。难道不是这样吗？是，也不是。就爱丽丝的目的而言，是这样的，她可以推断仪器和自旋处于两个可能的态之一，并相应地进行处理。

现在让我们把鲍勃加进来，但到目前为止，他还没有和自旋、仪器以及爱丽丝发生任何相互作用。从他的角度看，三者组成了一个单一的量子系统，当爱丽丝去看仪器读数时，波函数并没有发生坍缩。鲍勃会认为爱丽丝与另外的两个组成部分发生了纠缠。

这固然很好，但是当鲍勃看了爱丽丝之后会发生什么呢？就他的目的而言，是他导致了波函数坍缩。不过后面没准亲爱的查理也会出现呢……

是最后一个观看了系统的实体让波函数发生了坍缩，还是它也陷入了纠缠？或者，是否真的存在一个最后的观测者？我不想去回答这些问题，不过很显然，量子力学对于具体实验所使用的系统或仪器都能够自洽地计算出概率。我们使用量子力学，它也运转得很好，但是当我们试图去追问有关更底层的所谓"实在"问题时，我们会感到困惑。

纠缠与定域

量子力学会违反定域性吗？有些人认为会。爱因斯坦并不认同，并认为这是量子力学隐含的"鬼魅般的超距作用"（spukhafte Fernwirkung）。而约翰·贝尔（John Bell）证明了量子力学的非定域性，从而成为一些人狂热崇拜的偶像。

此外，大部分理论物理学家，特别是研究那些纠缠无处不在的量子场论的物理学家，他们的说法则正相反：被正确使用的量子力学会确保定域性。

当然，问题在于这两拨人所说的定域性并不相同。我们先说说场论学家的理解。他们认为定域性仅仅意味着发出信号的速度不能超过光速。我将向你展示量子场论是如何强制要求这一点的。

我们先展开爱丽丝系统和鲍勃系统的定义，到目前为

止，我所说的爱丽丝系统的意思就是它被爱丽丝所持有，并
可以对它进行实验。在这一节所剩的部分中，我们将改变这
个词的含义：爱丽丝系统不仅是指她所持有的系统，还包含
她使用的仪器和她自己。鲍勃系统也是这样。基底右矢量

$$|a\rangle$$

描述了爱丽丝所能影响的全部。类似地，右矢量

$$|b\rangle$$

描述鲍勃所能影响的全部。而张量积

$$|ab\rangle$$

描述了爱丽丝世界与鲍勃世界的结合。

我们假设在过去，爱丽丝和鲍勃有过足够密切的联系，
但是现在，爱丽丝在半人马座 α 星，而鲍勃还在加州的帕洛
阿托市。那么爱丽丝-鲍勃波函数就是：

$$\psi(ab)$$

它可能是处于纠缠的。爱丽丝的系统、仪器及其本人的完整描述都包含在她的密度矩阵 ρ 中：

$$\rho_{aa'} = \sum_b \psi^*(a'b)\psi(ab) \qquad (7\text{-}31)$$

思考这个问题：鲍勃最终能不能改变爱丽丝的密度矩阵？一定要注意，鲍勃的行为也必须遵守量子力学的定律。特别是，鲍勃的演化在任何情况下都只能是幺正的。换句话说，它必须使用一个幺正矩阵来描述：

$$U_{bb'}$$

矩阵 U 代表的是鲍勃的系统如何演化，无论他是否做实验。矩阵作用在一个波函数上会产生一个新的波函数，我们称之为"终态"波函数：

$$\psi_{\text{final}}(ab) = \sum_{b'} U_{bb'}\psi(ab')$$

我们也可以写出这个波函数的复共轭：

$$\psi^*_{\text{final}}\left(a'b\right) = \sum_{b'} \psi^*\left(a'b''\right)U^\dagger_{b''b}$$

注意，我们在符号上加了一撇，以避免在后面的计算中发生混淆。现在我们来计算爱丽丝的密度矩阵。我们将使用公式 7-31，但是需要把原来的波函数替换为后来的波函数：

$$\rho_{a'a} = \sum_{b,\,b',\,b''} \psi^*\left(a'b''\right)U^\dagger_{b''b}U_{bb'}\psi\left(ab'\right)$$

现在的公式里有很多指标，但是它并没有看起来那么难。看看矩阵 U 是如何进入结合项中去的：

$$U^\dagger_{b''b}U_{bb'}$$

这个结合项就是矩阵乘法 $U^\dagger U$。回想一下，U 是幺正的，也就告诉我们 $U^\dagger U$ 的结果是单位矩阵 $\delta_{b''b'}$。就像以前那样，这个单位矩阵留下了所有 $b'' = b'$ 的项，而忽略了所有其他项。使用这一简化可以得到：

$$\rho_{a'a} = \sum_{b} \psi^*\left(a'b\right)\psi\left(ab\right)$$

这和公式 7-31 完全一样，换句话说，$\rho_{a'a}$ 被 U 作用之后的结果和原来完全一样。也就是直到最后鲍勃也不能够做出瞬时影响爱丽丝密度矩阵的行为，即便鲍勃和爱丽丝处于最大纠缠的态。这意味着爱丽丝的子系统（统计模型）在她自己看来依然是完全不变的。对于最大纠缠系统依然有这样的结果，可能会有点让人惊讶，但是它也保证了不会存在超过光速的信号。

量子模拟器：贝尔定理简介

居然是幺正性保证了信号不可以瞬时发送，这有点令人感到意外。如果 U 不是幺正的，爱丽丝最后的密度矩阵就真的会受到鲍勃的影响。

那又是什么深深地撼动了爱因斯坦，让他说出"鬼魅般的超距作用"的呢？要回答这个问题，就要理解他所说的定域性和贝尔说的并不一样。

为了说明这一点，我们要发明一个虚拟游戏，这个新游戏的内容就是"骗"你相信在计算机中有一个处于磁场中的量子自旋，你可以通过做实验的方法来验证其可能性（图 7-1）。

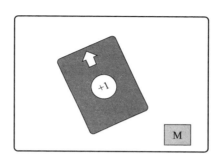

图 7-1　量子模拟器

注：计算机屏幕上显示的是用户可控的仪器指向，为了简化，这里只画了两个维度。当用户想要测量（图上并没有画出的）自旋时，可以按下 M 键。在两次测量之间，自旋态根据薛定谔方程来演化。

它是这样工作的：在计算机的内存中存储两个复数 α_u 和 α_d，它们也要满足幺正性规则：

$$\alpha_u^*\alpha_u + \alpha_d^*\alpha_d = 1$$

在游戏一开始时，系数 α 被初始化为某个数值，然后计算机开始求解薛定谔方程，不断更新 α 的数值，精确地模拟出自旋态矢量的各个分量。

计算机也使用两个角度或者一个单位矢量的形式存储着仪器的经典三维指向，你可以通过键盘输入自由地改变这

277

个角度。内存中还存有一个元素，即表示值（+1 或者 -1），代表仪器窗口的读数。作为实验员，你必须选择一个方向作为仪器的指向。另外还有一个测量按钮 M，按一下测一次。

这个模拟程序的最后一个要素就是随机数生成器，它会基于概率 $\alpha_u^* \alpha_u$ 和 $\alpha_d^* \alpha_d$，生成相应的测量值 +1 或者 -1。记住，这个随机数生成器产生的并不是一个真的随机数，它在原理上是完全基于决定论的经典力学，比如使用 π 的某些位来生成数字，然而它已经足够"骗"得过你了。

现在游戏开始，计算机不断地更新着 α_u 和 α_d 的数值，你可以按照你的想法随时按下按钮 M，然后随机数生成器将输出一个结果到屏幕上。基于这个结果，计算机以坍缩的规律来更新态。比如输出是 +1，那么 α_d 的值就被设成 0，同时 α_u 的值被设成 1；而输出是 -1，α_d 的值就被设成 1，同时 α_u 的值被设成 0。之后薛定谔方程再次接手态的演化，直到下一次你按下 M。

作为一个好的实验员，你会做很多次实验，并去统计这些数据，然后和量子力学的预测进行比较。如果每一部分都做对了，你会发现无论怎样操作计算机，量子力学的描述都是正确的。当然计算机本身是完全经典的，但用它模拟自旋的现象并不困难。

接下来，让我们在两台计算机 A 与 B 上做同样的实验，也就是模拟两个自旋。如果这两个自旋始于一个乘积态的话，就没有相互的作用，我们可以在两台计算机上玩这个简单的游戏，并不需要机器间的任何对话。但现在，爱丽丝、鲍勃和查理又回来帮助我们了。查理依旧想要做一个纠缠对，所以他把两台计算机用电缆连接起来，结合成了一台计算机，这里我们要假设电缆中的信号传输是瞬时的。现在这个新的复合计算机的内存中有 4 个复数了：

$$\alpha_{uu}, \alpha_{ud}, \ \alpha_{du}, \alpha_{dd}$$

它们的数值都依据薛定谔方程来更新，每个计算机屏幕上显示一个仪器。爱丽丝的屏幕显示的是 $\mathcal{A}$，而鲍勃的屏幕显示的是 $\mathcal{B}$。两个虚拟的仪器都可以独立地转向，而且都由自己的按键 M 来独立控制，其中一旦有一个 M 被按下了，这个联合的内存（在随机数生成器的帮助下）就会发送一个信号给相应的仪器，并产生一个输出。

这个仪器能够模拟一个双自旋系统的量子力学吗？当然可以，只要连接计算机的电缆没有被切断，并且能够发送瞬时的信号。但是除非系统是乘积态，或者正处于乘积态，否则断开连接将摧毁整个模拟。

我们能证明这一点吗？答案依然是肯定的，而且它正是贝尔定理的基本内容。在任何量子力学的经典模拟中，爱丽丝和鲍勃的仪器在空间上都是分离的，其中必须有一个瞬时传递信号的电缆连接着分离的计算机，并且有一个中央内存用于存储和更新态矢量。

那么，这不就意味着破坏局域性的信息可以通过电缆进行传递了吗？如果爱丽丝、鲍勃和查理可以做到非相对论经典力学规定的一切的话，答案就是可以传递，但如果他们必须按照量子力学的规定来操作的话，答案就是做不到。正如我们看到的那样，爱丽丝的密度矩阵不会被鲍勃的行动所影响。

这种现象对量子力学来说其实并不是问题，只是对于模拟量子力学的经典布尔计算机来说才是问题。这正是贝尔定理的内容：一个经典的计算机需要一个瞬时电缆的连接才能模拟一个纠缠态。

纠缠小结

在所有量子力学强加给我们的各种反直觉的思想中，纠缠是最难解释的一个。它并没有可以类比的经典系统，其完整的态描述中，却不包含内部子系统的信息，连如何定义非定域性这个概念都很困难。理解这个问题最好的方法就是依赖数学。下面我们把学过的纠缠的概率做一个总结，特别是我们要做一张表单来区分纠缠、部分纠缠和非纠缠，也就是使用单态、乘积态和近单态这三个特例。我们希望这种格式可以帮助你弄清数学上的相似之处与不同之处。

Quantum
Mechanics

量子力学练习

态矢量表单 1

名字： 乘积态（无纠缠）。

目的： 超定域，扮演着一个经典系统。

描述： 每一个子系统都被完整地刻画，在爱丽丝的系统和鲍勃的系统之间没有相关性。

态矢量：

$$\alpha_u\beta_u|uu\rangle + \alpha_u\beta_d|ud\rangle + \alpha_d\beta_u|du\rangle + \alpha_d\beta_d|dd\rangle$$

正交性：

$$\alpha_u^*\alpha_u + \alpha_d^*\alpha_d = 1$$
$$\beta_u^*\beta_u + \beta_d^*\beta_d = 1$$

密度矩阵： 爱丽丝密度矩阵必然有一个非零

的本征值，且等于 1。这个非零本征值对应
的本征矢量是爱丽丝子系统的波函数。对鲍
勃而言也是这样。

波函数（可分离变量）： $\psi(a)\phi(b)$。

期望值：

$$\langle\sigma_x\rangle^2 + \langle\sigma_y\rangle^2 + \langle\sigma_z\rangle^2 = 1$$
$$\langle\tau_x\rangle^2 + \langle\tau_y\rangle^2 + \langle\tau_z\rangle^2 = 1$$

相关性：

$$\langle\sigma_z\tau_z\rangle - \langle\sigma_z\rangle\langle\tau_z\rangle = 0$$

态矢量表单 2

名字： 单态（最大纠缠）。

目的： 非定域，全面的量子特征。

描述： 复合系统作为一个整体被完整地刻
画，但没有爱丽丝的子系统和鲍勃的子系
统的相关信息。

态矢量：

$$\frac{1}{\sqrt{2}}\big(|ud\rangle - |du\rangle\big)$$

正交性：

$$\psi_{uu}^*\psi_{uu} + \psi_{ud}^*\psi_{ud} + \psi_{du}^*\psi_{du} + \psi_{dd}^*\psi_{dd} = 1$$

密度矩阵：

复合系统：$\rho^2 = \rho$，并且 $Tr(\rho^2) = 1$。

爱丽丝子系统：密度矩阵正比于单位矩阵，本征值都相等，并且总和等于 1，因此每次测量的结果都是等概率的。$\rho^2 \neq \rho$，并且 $Tr(\rho^2) < 1$。

波函数（不可分离变量）： $\psi(a,b)$。

期望值：

$$\langle \sigma_z \rangle, \langle \sigma_x \rangle, \langle \sigma_y \rangle = 0$$
$$\langle \tau_z \rangle, \langle \tau_x \rangle, \langle \tau_y \rangle = 0$$
$$\langle \tau_z \sigma_z \rangle, \langle \tau_x \sigma_x \rangle, \langle \tau_y \sigma_y \rangle = -1$$

相关性：

$$\langle \sigma_z \tau_z \rangle - \langle \sigma_z \rangle \langle \tau_z \rangle = -1$$

态矢量表单 3

名字： 近单态（部分纠缠）。

目的： 不确定，通常无法判断，很难区分上与下。

描述： 具有一定的复合系统的整体信息，也含有一定的子系统信息，但每一边都不完整。

态矢量：

$$\sqrt{0.6}\,|ud\rangle - \sqrt{0.4}\,|du\rangle$$

正交性：

$$\psi_{uu}^{*}\psi_{uu} + \psi_{ud}^{*}\psi_{ud} + \psi_{du}^{*}\psi_{du} + \psi_{dd}^{*}\psi_{dd} = 1$$

密度矩阵：

复合系统： $\rho^2 \neq \rho$ ，并且 $Tr(\rho^2) < 1$ 。

爱丽丝系统： $\rho^2 \neq \rho$ ，并且 $Tr(\rho^2) < 1$ 。

波函数（不可分离变量）： $\psi(a, b)$ 。

期望值：

$$\langle \sigma_z \rangle = 0.2$$
$$\langle \sigma_x \rangle, \langle \sigma_y \rangle = 0$$
$$\langle \tau_z \rangle = -0.2$$
$$\langle \tau_x \rangle, \langle \tau_y \rangle = 0$$
$$\langle \tau_z \sigma_z \rangle = -1$$
$$\langle \tau_x \sigma_x \rangle = -2\sqrt{0.24}$$

相关性：

$$\langle \sigma_z \tau_z \rangle - \langle \sigma_z \rangle \langle \tau_z \rangle = -0.96$$

一般来说，对于部分纠缠态，相关性为 $-1 \sim$ $+1$，但不完全为 0。

练习 7-11： 针对近单态系统，计算 σ_z 的爱丽丝密度矩阵。

练习 7-12： 验证上面每一个表单中的数值。

Quantum Mechanics

第 8 讲

粒子和波函数

Lecture 8
Particles and Waves

Quantum
Mechanics

　　阿特和莱尼已经在这里纠缠太久了，他们想做点更简单的事情。

　　莱尼：嘿，希尔伯特，你有什么一维的东西吗？

　　希尔伯特：让我看看，一维在过去非常畅销，时不时就会脱销。

　　阿特：只要有，经典款给我来点也行啊。

　　希尔伯特：没有了，朋友，我们连经营许可都没有了。

　　阿特：那好吧。

对于街上的路人来说，量子力学讲的无非是一些像粒子的光和像波的电子。但是到目前为止我们的讲解都没有涉及粒子，而唯一一次提到波这个词是在介绍波函数时，它和真正的波可差远了。所以我们学的"真的"是量子力学吗？

当然是真的呀，量子力学包含的内容可不止粒子和波，它还包括由非经典的逻辑原理所掌控的量子行为。在本讲中你会发现，波粒二象性不过是对你已经学到的内容的一种拓展。在进入物理部分之前，我想先回顾一些数学知识，其中一些是前面出现过的内容，还有一些新内容。

数学准备：进入连续函数

波函数回顾

在本讲中，我们将使用波函数的语言，所以先回顾之前的一些内容。在第 5 讲中，我们非常抽象地讨论过波函数，但是既没有解释过什么是波，也没有解释过什么是函数，在补上这部分之前，我要先回顾一下前面讲过的内容。

首先选一个力学量 L，它的本征值是 λ、本征矢量是 $|\lambda\rangle$。令 $|\Psi\rangle$ 为态矢量，因为厄米算符的本征矢量形成一个完备的正交基底，所以矢量 $|\Psi\rangle$ 可以表达成

$$|\Psi\rangle = \sum_\lambda \psi(\lambda)|\lambda\rangle \qquad (8\text{-}1)$$

回忆一下第 5 讲中的内容，物理量

$$\psi(\lambda)$$

叫作系统的波函数，但要注意，$\psi(\lambda)$ 的具体形式取决于一开始选择的力学量 L 的具体形式。如果我们选择了不同的力学量，波函数也（像基底矢量和本征值那样）会变得不同，即便我们研究的还是同一个态。所以让我们把表述完善一下：$\psi(\lambda)$ 是与 $|\Psi\rangle$ 相关的波函数。而更精准的说法应该是，$\psi(\lambda)$ 是在 L 基底上的波函数。如果我们使用基底的正交性：

$$\langle \lambda_i | \lambda_j \rangle = \delta_{ij}$$

那么，在 L 基底上的波函数也就等于 $|\Psi\rangle$ 与本征矢量 $|\lambda\rangle$ 的内积（或在 $|\lambda\rangle$ 方向的投影），也就是：

$$\psi(\lambda) = \langle \lambda | \Psi \rangle$$

你可以从两个角度上去理解波函数，第一个就是态矢量在某个具体基底上的一系列分量，这些分量可以叠成一个列矢量：

$$\begin{pmatrix} \psi(\lambda_1) \\ \psi(\lambda_2) \\ \psi(\lambda_3) \\ \psi(\lambda_4) \\ \psi(\lambda_5) \end{pmatrix}$$

第二个角度就是，把波函数当作 λ 的一个函数，如果你输入任意一个合理的 λ 值，函数 $\psi(\lambda)$ 都将给出一个复数，因此人们将该函数称作离散变量 λ 的复函数。当你顺着这个思路来思考的时候，线性算符就变成了对函数的一种操作，而操作的结果是一个新函数。

需要提醒的是，一次实验得到结果为 λ 的概率为：

$$P(\lambda) = \psi^*(\lambda)\psi(\lambda)$$

作为矢量的函数

到目前为止，我们所研究的系统都是有限维的态矢量，例如，一个简单的自旋由二维的态矢量空间来描述。出于这个原因，可能得到的观测结果的取值也是有限的。但是还存在更为复杂的力学量，它可能的取值有无穷多个。粒子就是一个好例子。粒子的坐标是个力学量，它与自旋不同的地方在于，粒子的坐标可以取的数值是无限多的。比如一个粒子沿着 x 轴运动，那么它可以出现在任何一个实数 x 标记的地方。换句话说，x 是一个连续的无限变量。当一个系统的力学量是连续的时，波函数也是一个连续变量的函数。为了把量子力学应用到这种系统上，我们不得不扩展矢量的思想，并且把函数也包括进来。

函数是函数，矢量是矢量。它们看起来似乎非常不同，那么函数如何还能是个矢量呢？如果你把矢量想象成三维空间中一个箭头的话，它与函数并不一样，但如果你使用更宽广的视角去看的话，矢量无非是一组满足某些假设的抽象数

学对象。这样说来，函数也可以看作一个矢量空间，这个
矢量空间通常叫作希尔伯特空间，这是以数学家希尔伯特
（David Hilbert）的姓氏命名的。

让我们考虑一组以实数 x 为自变量的复函数 $\psi(x)$。所
谓复函数，我指的无非就是对于每一个 x，$\psi(x)$ 都是一个
复数。此外，这个独立的自变量 x 通常是一个实数变量，它
可以取 $-\infty \sim +\infty$ 的任意数值。

现在，我们来看看"函数也是矢量"到底是什么意思。
这并不是一个类比或者隐喻，在适当的限制下（我们还会回
到这个主题），类似 $\psi(x)$ 这样的函数可以满足矢量空间定
义的数学公理。我们曾在第 1 讲中简要地提到过这个思想，
现在我们要充分利用它了。回过头去看一看定义复矢量空间
的公理，我们会看到复函数也满足所有的要求：

1. 任意两个函数之和还是一个函数。

2. 函数的求和运算是可交换的。

3. 函数的求和运算满足结合律。

4. 存在一个唯一的零函数，它与任何函数相加，结果仍
   等于这个函数本身。

5. 给定任意一个函数 $\psi(x)$，就存在唯一的函数 $-\psi(x)$，使得：

$$\psi(x) + \left(-\psi(x)\right) = 0$$

6. 一个函数与任意复数相乘的结果是一个函数，而且这个函数是线性的。

7. 满足分配率，也就是：

$$z\left[\psi(x) + \phi(x)\right] = z\psi(x) + z\phi(x)$$
$$\left[z + \omega\right]\psi(x) = z\psi(x) + \omega\psi(x)$$

其中 z 与 ω 都是复数。

以上的这些都暗示着我们可以把函数 $\psi(x)$ 看作抽象的矢量空间中的右矢量 $|\Psi\rangle$。同样，我们也可以定义左矢量，这并不令人意外。与右矢量 $|\Psi\rangle$ 相对应的左矢量 $\langle\Psi|$ 正是它的复共轭函数 $\psi^*(x)$。

为了让这一想法用起来更顺手，我们需要推广数学工具包里的一些条目。在之前的章节中，用来区分波函数的标签是一些离散集合的元素。比如一些力学量的本征值。但是现在这些独立的变量是连续的了。还有一个问题是没法使用原来的方法求和了。我估计你知道该怎么做了，但我们还是在下面列出了三个用函数替换矢量的操作，其中的两个你很容易想到：

- 用积分代替求和。

- 用概率密度代替概率。

- 用狄拉克 δ 函数代替克罗内克符号。

下面我们展开介绍这几项内容。

用积分代替求和： 如果真要严格地说起来的话，我们首先需要把 x 离散化成距离非常近的一系列点的集合 ϵ，然后再取它的极限 $\epsilon \to 0$。照那个讲法，要几页纸才能讲清楚其中的每一步是怎么来的。不过我们可以使用直觉上的定义，即用积分来代替求和，以避免这些麻烦。用符号来表示这一概念，可以写作：

$$\sum_i \to \int dx$$

举例来说，如果我们想要计算一段曲线下的面积的话，我们在 x 轴上切分一系列小的线段，然后把曲线下的一大堆矩形相加，正如在基础微积分中的做法一样。当我们把线段长度缩成 0 时，求和就变成了积分。

让我们考虑一个左矢量 $\langle\Psi|$ 和一个右矢量 $|\Phi\rangle$ 以及它们之间的内积。很明显的一个方法就是用积分来代替公式 1-2 的求和，我们把这个内积定义成：

$$\langle\Psi|\Phi\rangle = \int_{-\infty}^{\infty}\psi^*(x)\phi(x)\mathrm{d}x \qquad (8\text{-}2)$$

用概率密度代替概率：我们把下式看成变量 x 的概率密度：

$$P(x) = \psi^*(x)\psi(x)$$

为什么是概率密度而不是概率呢？因为对一个连续变量来说，处于某个具体数值的概率就是 0。一个更好的问法是：处于两个数值 $x=a$ 与 $x=b$ 之间的概率是多少？如此一来，概率的计算就可以通过概率密度的积分得到：

$$P(a,b) = \int_a^b P(x)\mathrm{d}x = \int_a^b\psi^*(x)\psi(x)\mathrm{d}x$$

因为概率之和应该归一，我们可以通过下式来定义一个

归一化的矢量:

$$\int_{-\infty}^{\infty} \psi^*(x)\psi(x)\,\mathrm{d}x = 1 \qquad (8\text{-}3)$$

用狄拉克 δ 函数代替克罗内克符号: 到目前为止,我们看到的都是比较熟悉的内容。不过我们对狄拉克 δ 函数可能就没有那么熟悉了。δ 函数类似于克罗内克符号 δ_{ij}。克罗内克符号 δ_{ij} 的定义是当 $i \neq j$ 时等于 0,而 $i = j$ 时等于 1。但是它也能使用其他的方式来定义,考虑在有限维空间中的任意矢量 F_i,很容易看出克罗内克符号满足条件:

$$\sum_j \delta_{ij} F_j = F_i$$

这是因为在求和中唯一的非零项就是当 $i = j$ 时的那一项。也就是在求和时,克罗内克符号过滤掉了除 F_i 之外的所有 F。明显的一般化方式就是定义一个新的函数,当它用在积分中的时候,也具有类似的过滤性质。换句话说,我们想要一个新东西:

$$\delta(x - x')$$

它的性质是，对于任何函数 $F(x)$ 都有：

$$\int_{-\infty}^{\infty} \delta(x-x') F(x') \mathrm{d}x' = F(x) \qquad (8\text{-}4)$$

公式 8-4 定义的这个新东西，叫作狄拉克 δ 函数，它在量子力学中是一个必不可少的工具。尽管它叫函数，但实际上并不是一个通常意义上的函数。它在 $x \neq x'$ 的地方等于 0，而在 $x = x'$ 的地方等于无穷大。实际上这个无穷大，需要大到刚好使得 $\delta(x)$ 下方的面积等于 1。粗略地说，这个函数在一个无穷小区间 ϵ 上的取值为 $1/\epsilon$，这样一来它的面积就是 1。另外更重要的是，它要满足公式 8-4。函数

$$\frac{n}{\sqrt{\pi}} \mathrm{e}^{-(nx)^2}$$

在 n 变得很大时将会非常明显地趋近于 δ 函数。图 8-1 展示的就是随着 n 的增大函数相应变化的趋势。即使我们只取到一个不大的数：$n = 10$，这个图像就已经变成了又窄又尖的"峰"。

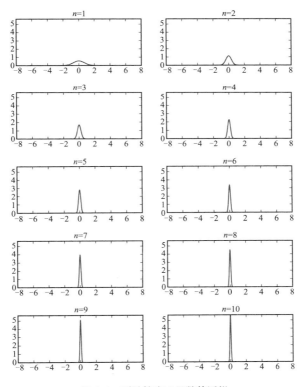

图 8-1　对狄拉克 δ 函数的近似

注：这个近似基于函数 $\dfrac{n}{\sqrt{\pi}}\mathrm{e}^{-(nx)^2}$，其中 n 值逐渐增加。

分部积分

在讨论线性算符之前，我们先稍微绕一点路，帮你回忆一下计算技巧，这就是分部积分。它虽然非常简单，但对于我们来说是必不可少的，之后会反复用到它。假定我们有两个函数 F 和 G，那么它们乘积的微分就是：

$$d(FG) = F dG + G dF$$

或者写作：

$$d(FG) - G dF = F dG$$

对这个式子两边求定积分，得到：

$$\int_a^b d(FG) - \int_a^b G dF = \int_a^b F dG$$

进一步得到：

$$FG\big|_a^b - \int_a^b G dF = \int_a^b F dG$$

这是一个标准的公式，你可能在微积分中见过。但是在量子力学中，积分的区间是整个数轴，而且我们的波函数在无穷远的地方为 0，才能保证归一化不出问题。因此表达式

中的第一项总为 0，记住这一点，我们可以使用分部积分的
简化版本：

$$\int_{-\infty}^{\infty} F \frac{\mathrm{d}G}{\mathrm{d}x}\,\mathrm{d}x = -\int_{-\infty}^{\infty} \frac{\mathrm{d}F}{\mathrm{d}x}G\,\mathrm{d}x$$

只要函数 F 和 G 在无穷远的地方能够趋于 0，这个形式
就是正确的，因为边界项变成了 0。如果你记住这个模式，
会发现它非常有用，这个模式就是：被积函数中求导数的函
数与另一个函数互换位置的条件是在前面添加一个负号。

线性算子

左矢量和右矢量只讲述了量子力学一半的故事，而另外
一半就是线性算符的概念，具体来说就是厄米算符，这就出
现两个问题：

● 函数空间的线性算符是什么意思？

● 线性算符成为厄米算符的条件是什么？

线性算符的概念是相当简单的：当它作用在一个函数上
时，会得到另一个函数；当它作用在两个函数之和时，得到

的是它分别作用在两个函数上的结果之和；当它作用在一个前面乘了复数的函数上时，等于它直接作用在函数后再乘以前面的复数。换句话说，也就是线性。（惊不惊喜？）

我们来看一些例子，一个简单的操作就是在函数 $\psi(x)$ 前面乘一个 x，这将得出一个新的函数 $x\psi(x)$，你很容易就能检验出这个作用是线性的。我们使用 X 代表"乘以 x"这个操作，也就是：

$$X\psi(x) = x\psi(x) \qquad (8\text{-}5)$$

还有另外一个例子，定义 D 代表微分算符：

$$D\psi(x) = \frac{\mathrm{d}\psi(x)}{\mathrm{d}x} \qquad (8\text{-}6)$$

量子力学练习

练习 8-1：证明 X 和 D 是线性算符。

当然，这两个例子只是各种各样线性算符中的一个非常小的子集，但是我们很快就会看到 X 和 D 在量子力学中起着非常重要的作用。

现在让我们看看有关厄米性的方面。定义一个厄米算符的简单途径就是通过它的矩阵元，也就是像个"三明治"那样，把它夹在左矢量和右矢量之间。对于算符 L 有两种夹法：

$$\langle \Psi | L | \Phi \rangle$$

或者

$$\langle \Phi | L | \Psi \rangle$$

一般来说，这两种表达之间不存在简单的关系。但如果是厄米算符（根据定义也就是 $L^\dagger = L$），就存在一个简单的关系，这两个"三明治"互为复共轭：

$$\langle \Psi | L | \Phi \rangle = \langle \Phi | L | \Psi \rangle^*$$

我们看一看算符 X 和 D 是不是厄米的。回忆一下：

$$X\psi(x) = x\psi(x)$$

使用公式 8-2 的内积，得到：

$$\langle \Psi | X | \Phi \rangle = \int \psi^*(x) x \phi(x) \, \mathrm{d}x$$

以及

$$\langle \Phi | X | \Psi \rangle = \int \phi^*(x) x \psi(x) \, \mathrm{d}x$$

由于 x 是实数，不难看出这两个积分彼此互为复共轭，所以 X 是厄米的。

那么算符 D 呢？它的两个"三明治"式子分别是：

$$\langle \Psi | D | \Phi \rangle = \int \psi^*(x) \frac{\mathrm{d}\phi(x)}{\mathrm{d}x} \, \mathrm{d}x \qquad （8\text{-}7）$$

以及

$$\langle \Phi | D | \Psi \rangle = \int \phi^*(x) \frac{\mathrm{d}\psi(x)}{\mathrm{d}x} \mathrm{d}x \qquad （8\text{-}8）$$

为了看出 D 到底是不是厄米的，我们需要比较这两个积分，看它们是否互为复共轭。在这种形式下还不太容易看出来，技巧是把第二个积分做一次分部积分。就如同我们期待的那样，分部积分允许你把被积函数与微分算子中的因子相互交换，只要改变一下符号即可。因此公式 8-8 中的积分可以重新写作：

$$\langle \Phi | D | \Psi \rangle = -\int \psi(x) \frac{\mathrm{d}\phi^*(x)}{\mathrm{d}x} \mathrm{d}x \qquad （8\text{-}9）$$

现在，我们只要比较公式 8-7 和公式 8-9 中的两个表达即可。结果显而易见，它们并不是复共轭的关系，因为差一个负号。不过，我们倒是找到了它们之间的关系：

$$\langle \Psi | D | \Phi \rangle = -\langle \Phi | D | \Psi \rangle^*$$

这与我们的预期正好相反。虽然 X 是厄米的，但 D 不是，而是满足另外一种关系：

$$D^{\dagger} = -D$$

具有这种性质的算符就是反厄米的。

尽管反厄米算符与厄米算符是相反的，但两者之间很容易相互转换，只要乘上一个虚数 i 或者 $-i$ 即可。因此我们可以用 D 构造出一个厄米算符：

$$-i\hbar D$$

如果把这个新的厄米算符作用在某个波函数上，就会得到：

$$-i\hbar D \psi(x) = -i\hbar \frac{\mathrm{d}\psi(x)}{\mathrm{d}x} \qquad (8\text{-}10)$$

记住这个公式，它很快就会被应用于关于粒子的一个非常重要的物理量——动量上。

粒子的态

在经典力学中，"系统的态"意味着你必须知道这个系统的全部，这样在给定力的作用下，就可以预测系统的未来。这就是系统中所有粒子的位置，以及它们的动量。从经典的观点来看，某个瞬间的位置和动量是完全独立的。比如，一个质量为 m 的粒子沿着 x 轴作一维运动，系统的运动态就可以用 (x, p) 来描述。坐标 x 描述粒子所在的位置，而 p 是它的动量，这两者放在一起就构成了系统的相空间。如果我们还知道作用在粒子上的力，并能够把力表示成粒子的位置和动量的函数，那么利用哈密顿方程就可以计算出之后任何一个时刻的位置与动量，也就是它们在相空间中定义了一个流。

因此，人们可能会猜测一个粒子的量子态也将是由位置和动量标记为 $|x, p\rangle$ 态的基底张成的一个空间。从而波函数也就是这两个变量的函数：

$$\psi(x, p) = \langle x, p | \Psi \rangle$$

然而，这并不正确。有些经典力学中可以同时知道的事情，在量子力学中却不能。自旋的不同分量之间就是一个例子，比如 σ_z 与 σ_x。因为一个人不能同时知道两个分量，所以他也没法得到一个使用两分量描述的态。x 与 p 之间也是这样，要想同时确定这两个数值是做不到的。无论是在

讨论自旋 (σ_z, σ_x) 这一对分量时，还是位置与动量 (x, p) 这一对时，它们之间的不相容在本质上都是一个实验的事实。

如果不能知道 x 与 p，那么关于这个在 x 轴上运动的粒子，什么是我们可以知道的呢？答案是 x 或者 p。从数学的角度看，位置算符与动量算符之间是不对易的。但我要强调一点，这种情况是无法提前预知的，它是从几十年来的实验与观测中提炼出来的结果。

如果一个粒子的位置可以被观测，就必定有一个厄米算符与之相联系。一个明显可用的候选项就是 X。首先是要理解位置与数学上的算符 X 之间的联系，然后解出 X 的本征值和本征矢量。本征值代表着在某处观测到粒子的可能性，而本征矢量代表着处于某个确切位置的态。

位置的本征值和本征矢量

很明显，接下来的问题就是：测量 X 时，可能得到的输出是什么？换句话说就是，它的本征值和本征矢量是什么？我们先从算符 X 开始，X 的本征方程是：

$$X|\Psi\rangle = x_0|\Psi\rangle$$

这里的本征值是 x_0，改写成波函数的话就变成：

$$x\psi(x) = x_0\psi(x) \qquad （8\text{-}11）$$

上面这个方程看起来很奇怪，x 乘以某一个函数之后为什么还与这个函数成正比呢？表面看来这是不可能的。还是让我们来一探究竟吧。可以把公式 8-11 重新写成下面的形式：

$$(x - x_0)\psi(x) = 0$$

很明显，如果两个因子的乘积为 0，那么说明其中至少有一个因子等于 0。但是第二个因子不大可能是 0，因为那必须要求在 $x \neq x_0$ 的地方，$\psi(x) = 0$。这个条件就太奇怪了，它要求对于一个给定的本征值 x_0，函数只有在 $x = x_0$ 这个位置上才可以不为 0。对于一个通常的连续函数来说，这样的条件是很要命的，也就是说没有什么合理的函数能只在一个点的位置上不为 0，而在其他的位置上都为 0，但这恰好就是狄拉克 δ 函数所具有的性质：

$$\delta\left(x-x_0\right)$$

如此一来，X 的本征值毫无疑问是个实数，它所对应的本征矢量也是个函数（我们通常叫它本征函数），这个函数将无限收缩在 $x=x_0$ 这个点上。其结果的意义是很清晰的，即波函数

$$\psi\left(x\right)=\delta\left(x-x_0\right)$$

代表了某个粒子正好位于 x 轴上的 x_0 位置。

终于，我们发现代表一个粒子的波函数在 x_0 处不是 0，而在其他的地方都为 0。要不然还能是什么样呢？不过数学验证了直觉还是让人很开心的。

考虑态 $|\varPsi\rangle$ 与位置本征态 $|x_0\rangle$ 的内积：

$$\langle x_0|\varPsi\rangle$$

使用公式 8-2，得到：

$$\langle x_0|\Psi\rangle = \int_{-\infty}^{\infty} \delta(x-x_0)\psi(x)\mathrm{d}x$$

根据公式 8-4 中的 δ 函数的定义，这个积分的结果是：

$$\langle x_0|\Psi\rangle = \psi(x_0) \qquad (8\text{-}12)$$

因为这对于任何的 x_0 都有相同的结果，所以我们扔掉下标，写成一般形式：

$$\langle x|\Psi\rangle = \psi(x) \qquad (8\text{-}13)$$

换言之，一个在沿 x 轴移动的粒子的波函数 $\psi(x)$，等于态矢量 $|\Psi\rangle$ 在位置本征矢量上的投影，我们把 $\psi(x)$ 叫作在坐标表象中的波函数。

动量及其本征矢量

位置的理解是比较符合直觉的，动量就要差一些，特别是在量子力学中。要晚些时候我们才能看到动量算符与经典力学中所熟知的质量乘以速度这一动量概念之间的关联，但是我们保证两者最后将会联系起来。

目前，让我们从抽象的数学途径来考虑。量子力学中的动量算符叫作 P，并且在定义中使用了 $-iD$：

$$-iD = -i\frac{\mathrm{d}}{\mathrm{d}x}$$

就像公式 8-10 中的那样，我们需要一个 $-i$ 因子来构造算符的厄米性。

我们也可以直接把 P 定义成 $-iD$，但是这样的话，在将这两个概念与经典物理学联系起来时会出现问题。原因很明显，量纲不匹配。在经典物理学中，动量的量纲是质量乘以速度，换言之，也就是质量乘以长度除以时间（ML/T）。此外，算符 D 的量纲是长度的倒数或者 $1/L$。使用普朗克常数可以解决量纲不匹配的问题，它的量纲是 ML^2/T，所以 P 与 D 之间的正确关系是：

$$P = -i\hbar D \qquad (8\text{-}14)$$

或者写成作用在波函数上面的形式：

$$P\psi\left(x\right) = -\mathrm{i}\hbar\frac{\mathrm{d}\psi\left(x\right)}{\mathrm{d}x} \qquad (8\text{-}15)$$

量子力学家经常使用的单位可以让 $\hbar$ 正好等于 1，这样的好处是可以简化方程的书写。尽管有很多好处，但是这里还是不那样做了。

解出 P 的本征值和本征矢量，在抽象记号下的本征方程是：

$$P\left|\varPsi\right\rangle = p\left|\varPsi\right\rangle \qquad (8\text{-}16)$$

其中 p 是 P 的本征值。公式 8-16 也可以表达成波函数的形式，使用等式

$$P = -\mathrm{i}\hbar\frac{\mathrm{d}}{\mathrm{d}x}$$

我们可以把本征方程写作：

$$-\mathrm{i}\hbar\frac{\mathrm{d}\psi\left(x\right)}{\mathrm{d}x} = p\psi\left(x\right)$$

或者

$$\frac{\mathrm{d}\psi(x)}{\mathrm{d}x} = \frac{ip}{\hbar}\psi(x)$$

这种类型的方程以前我们也碰到过，它有一个指数形式的解：

$$\psi_p(x) = Ae^{\frac{ipx}{\hbar}}$$

下标 p 仅仅为了提示 $\psi_p(x)$ 是本征值为 p 时算符 P 的本征矢量。虽然使用 P 的本征值来标记，但它是 x 的函数。

乘在指数前面的常数 A 无法通过本征矢量方程来确定，这并不新鲜，毕竟本征函数无法告诉我们波函数整体的归一因子是多少。所以我们需要根据波函数总概率归一的性质来确定这个常数。在第 2 讲中有一个例子就是自旋 x 分量的本征矢量：

$$|r\rangle = \frac{1}{\sqrt{2}}|u\rangle + \frac{1}{\sqrt{2}}|d\rangle$$

这里的因子$1/\sqrt{2}$就是为了保证总体概率为 1。

相比之下，P 的本征矢量的归一化操作更加巧妙，不过结果很简单。相比于自旋，因子 A 的情况略微复杂一些。为了节省时间，我直接告诉你答案，而将证明过程留给你。正确的因子是 $A=1/\sqrt{2\pi}$，也就是：

$$\psi_p\left(x\right)=\frac{1}{\sqrt{2\pi}}\mathrm{e}^{\frac{ipx}{\hbar}} \tag{8-17}$$

在公式 8-13 和公式 8-17 中一个很有趣的地方在于，位置的本征矢量与动量的本征矢量的内积具有非常简单而又对称的形式：

$$\langle x|p\rangle=\frac{1}{\sqrt{2\pi}}\mathrm{e}^{\frac{ipx}{\hbar}}$$
$$\langle p|x\rangle=\frac{1}{\sqrt{2\pi}}\mathrm{e}^{\frac{-ipx}{\hbar}} \tag{8-18}$$

第二个等式就是第一个等式的复共轭。如果你还记得 $|x\rangle$ 可以用 δ 函数代表的话，就很容易验证这个结果。在继续讲解之前，我还想要提两件重要的事情：

1. 在坐标基底下，公式 8-17 代表动量的本征函数，换句话说，尽管代表的是动量本征态，但它还是一个 x 函数，而不是 p 的显函数。

2. 我们使用希腊字母 ψ 来代表位置和动量两个本征态，数学家可能并不赞成使用同样的符号来代表不同的函数，但是物理学家却总这样做。$\psi(x)$ 就是一个符号，所代表的意义要根据我们所讨论的内容而定。

这是个转折点，现在我们有点明白为什么波函数叫这个名字了。你应该关心的是动量算符的本征函数（代表本征矢量的波函数）具有波的形式。更准确的说法是正弦波和余弦波。实际上，我们现在可以看出量子力学中波粒二象性表现得最为透彻的一个方面。函数

$$e^{\frac{ipx}{\hbar}}$$

它的波长为：

$$\lambda = \frac{2\pi\hbar}{p}$$

这是因为，当我们将变量 x 与 $\dfrac{2\pi\hbar}{p}$ 相加后，也不会改变函数的数值：

$$e^{\frac{ip\left(x+\frac{2\pi\hbar}{p}\right)}{\hbar}} = e^{\frac{ipx}{\hbar}}e^{2\pi i} = e^{\frac{ipx}{\hbar}}$$

我们先暂停片刻，讨论一下动量和波长之间关系的重要性。它不仅仅重要，而且从很多角度来说，正是这个关系定义了 20 世纪的物理学。在过去的 100 多年中，物理学家们致力于揭示微观世界的定律，也就是要弄清楚一个东西是如何用更小的东西构造出来的。例如，分子是由原子构成的，而原子是由原子核与电子构成的，原子核是由质子和中子构成的，而构成亚核粒子的是夸克与胶子。这个游戏就是科学家不断找寻更小、更深层存在的过程。

所有这些物体都太小了，别说肉眼了，即便使用最好的光学显微镜也无法识别出来。其原因并不仅仅因为我们的眼睛或仪器不够好，更为重要的事实在于眼睛或者光学显微镜都只对可见光部分敏感，它的波长至少是一个原子的尺度的上千倍。所以规则就是，你无法分辨出一个比你能感知的波长尺度小的东西。基于这个原因，20 世纪的物理学中的很大一部分都是在追求驾驭波长越来越短的光，或者其他类似的波。在第 10 讲中，你会发现某个给定波长的光是由相应

动量的光子组成的，而波长与动量的关系正好就是

$$\lambda = \frac{2\pi\hbar}{p}$$

这就意味着，探索更小尺度的物体需要更大动量的光子（或其他物体）。大的动量不可避免地对应着大的能量，这也就是为什么微观世界物质属性的探索总是要求更为强大的粒子加速器。

傅里叶变换与动量基底

波函数 $\psi(x)$ 在测量某处有一个粒子出现的概率时非常有用：

$$P(x) = \psi^*(x)\psi(x)$$

就像我们将看到的那样，没有一个实验能够同时确定粒子的位置和动量。但是如果我们完全放弃对位置的测量，那么就可以精确地测量出动量的大小。这与自旋的 x 分量和 z 分量之间的情形很相似，每一个都能分别被测量，但是无法同时被测量。

如果我们选择去测量动量的话，一个粒子具有动量 p 的概率是多大？答案是对第 3 讲中原理的直接推广。测到动量等于 p 的概率为：

$$P(p) = \left| \langle P | \Psi \rangle \right|^2 \qquad (8\text{-}19)$$

$\langle P | \Psi \rangle$ 这一项叫作 $|\Psi\rangle$ 在动量表象中的波函数。它是 p 的函数，下面使用一个新符号：

$$\tilde{\psi}(p) = \langle P | \Psi \rangle \qquad (8\text{-}20)$$

现在有两种方法来表达一个态，一个是在坐标基底上，一个是在动量基底上。坐标波函数 $\psi(x)$ 与动量波函数 $\tilde{\psi}(p)$ 两个波函数代表同一个态。这意味着一定存在两者之间的变换，如果当我们知道 $\psi(x)$，这个变换将产生 $\tilde{\psi}(p)$，反之亦然。事实上，这两个表象之间互为傅里叶变换。

我们即将看到狄拉克记号在简化问题时的巨大作用。首先，让我们回忆在之前讲座中的重要思想，假设我们通过厄米力学量的本征矢量来定义一套正交基底，把基底矢量称为 $|i\rangle$，在第 7 讲中我曾经解释了一个非常重要的技巧，现在我们将看到它是多么的有用。它叫作恒等分解，来自公式

7-11 的技巧是把恒等算符 I（作用在任何算符之后得到完全相同的算符）写作：

$$I = \sum_i |i\rangle\langle i|$$

因为动量和位置都是厄米的，矢量 $|x\rangle$ 与矢量 $|p\rangle$ 的集合各定义了一个基底矢量，通过置换积分与求和我们发现两个恒等分解的方式：

$$I = \int \mathrm{d}x\, |x\rangle\langle x| \qquad (8\text{-}21)$$

以及

$$I = \int \mathrm{d}p\, |p\rangle\langle p| \qquad (8\text{-}22)$$

假设我们知道了抽象矢量 $|\Psi\rangle$ 在坐标表象的波函数，根据定义，得到：

$$\psi(x) = \langle x|\Psi\rangle \qquad (8\text{-}23)$$

那么，如果想要知道在动量表象中的波函数 $\tilde{\psi}(p)$ 的话，步骤如下：

● 首先，使用动量表象波函数的定义：

$$\tilde{\psi}(p) = \langle p | \Psi \rangle$$

● 然后，在左矢量和右矢量之间插入单位算符，根据公式 8-21 的形式得到：

$$\tilde{\psi}(p) = \int dx \langle p | x \rangle \langle x | \Psi \rangle$$

● 表达式 $\langle x | \Psi \rangle$ 正是波函数 $\psi(x)$，而 $\langle p | x \rangle$ 可以通过公式 8-18 的第二个等式得到：

$$\langle p | x \rangle = \frac{1}{\sqrt{2\pi}} e^{\frac{-ipx}{\hbar}}$$

● 最后，将上面的内容结合在一起得到：

$$\tilde{\psi}(p) = \frac{1}{\sqrt{2\pi}} \int dx e^{\frac{-ipx}{\hbar}} \psi(x) \qquad (8\text{-}24)$$

公式 8-24 告诉了我们怎样把一个坐标表象中给定的波函数变换成动量表象中对应的波函数。这有什么好处呢？假定某些粒子的坐标波函数是已知的，但我们实验的结果是要测量动量，而你想要知道观测到动量 p 的概率是多大。那么步骤是先要使用公式 8-12 来计算 $\tilde{\psi}(p)$，然后再计算概率：

$$P(p) = \tilde{\psi}^*(p)\tilde{\psi}(p)$$

另一种方法也非常简单，假设我们知道 $\tilde{\psi}(p)$ 并希望恢复出 $\psi(x)$。这时我们使用公式 8-22 来做恒等分解。步骤如下（注意，它们与之前的步骤相似到难以置信）：

● 首先，使用坐标表象波函数的定义：

$$\psi(x) = \langle x|\Psi\rangle$$

● 然后，在左矢量和右矢量之间插入单位算符，根据公式 8-22 的形式得到：

$$\psi(p) = \int \mathrm{d}p \langle x|p\rangle\langle p|\Psi\rangle$$

● 表达式 $\langle p|\Psi\rangle$ 正是波函数 $\tilde{\psi}(p)$，而 $\langle x|p\rangle$ 可以通过公式 8-18 得到（不过这一次使用的是第一个等式）：

$$\langle x|p\rangle = \frac{1}{\sqrt{2\pi}}\mathrm{e}^{\frac{ipx}{\hbar}}$$

● 最后，将上面的内容结合在一起，得到：

$$\psi(x) = \frac{1}{\sqrt{2\pi}} \int \mathrm{d}p e^{\frac{ipx}{\hbar}} \tilde{\psi}(p)$$

让我们再看一看这两个方程，从位置到动量，以及从动量到位置，注意它们之间是多么的对称。唯一不对称的地方在于一个方程中含有 $e^{\frac{ipx}{\hbar}}$ 而另一个含有 $e^{\frac{-ipx}{\hbar}}$:

$$\tilde{\psi}(p) = \frac{1}{\sqrt{2\pi}} \int \mathrm{d}x e^{\frac{-ipx}{\hbar}} \psi(x)$$

$$\psi(x) = \frac{1}{\sqrt{2\pi}} \int \mathrm{d}p e^{\frac{ipx}{\hbar}} \tilde{\psi}(p) \qquad (8\text{-}25)$$

在坐标和动量表象之间的关系可以总结成公式 8-25，它们彼此互为傅里叶变换。实际上，它是傅里叶分析领域里的中心方程。我希望你注意到了，使用狄拉克优雅的记号之后，这些方程的推导非常容易。

对易式与泊松括号

之前在第 4 讲中，我们列出了关于对易式的两个重要原理，第一个是关于经典物理与量子力学之间关系的，第二个就是有关不确定性关系的。现在让我们展示这些原理和 X、

P 之间有着怎样的关系，以此结束本讲内容。

我们从对易式和经典物理学之间的联系开始，可能正如你了解的那样，我们发现了对易式与泊松括号之间的相似性，即在公式 4-21 中所写出的关系。如果代入这一讲中使用的算符 L 与 M，得到：

$$[L,M] \Leftrightarrow i\hbar\{L,M\} \qquad (8\text{-}26)$$

这就提示我们，量子运动的方程与它在经典物理学中的对应物极为相似。这表明，我们可以通过计算力学量 X 与 P 的对易式来学到一些东西。幸好，这很容易做到。

我们先来看看将乘积 XP 作为一个算符，作用在任意的波函数 $\psi(x)$ 上时会得到什么结果。回想公式 8-5 和公式 8-15，可以写作：

$$X\psi(x) = x\psi(x)$$
$$P\psi(x) = -i\hbar\frac{d\psi(x)}{dx}$$

通过这两个公式我们就能得到乘积 XP 作用在 $\psi(x)$ 上的结果：

$$XP\psi(x) = -i\hbar x \frac{d\psi(x)}{dx} \qquad (8\text{-}27)$$

现在，让我们试试相反的顺序：

$$PX\psi(x) = -i\hbar \frac{d(x\psi(x))}{dx}$$

为了计算最后的表达式，我们无非是使用乘积 $x\psi(x)$ 的标准微分法则。使用这一法则很容易看出：

$$PX\psi(x) = -i\hbar x \frac{d\psi(x)}{dx} - i\hbar \psi(x) \qquad (8\text{-}28)$$

现在我们把公式 8-28 与公式 8-27 相减，看一下对易式是如何作用在波函数上的：

$$[X,P]\psi(x) = XP\psi(x) - PX\psi(x)$$

也就是：

$$[X,P]\psi(x) = i\hbar \psi(x)$$

换句话说，当对易式 $[X, P]$ 作用在任意的波函数 $\psi(x)$ 上时，它都等于 $\psi(x)$ 乘以常数 $i\hbar$，我们可以将这一点表示为：

$$[X, P] = i\hbar \qquad (8\text{-}29)$$

这个公式本身就是极其重要的。X 与 P 之间的不能相互对易正是理解它们不能同时被测量的关键。而更有意思的点在于比较这个公式与公式 8-26 这对经典与量子的对应式，它们将对易式与泊松括号联系了起来。实际上，公式 8-29 表明，相应的经典泊松括号的结果是：

$$\{x, p\} = 1$$

这正是坐标与共轭动量的经典关系（见《理论最小值：经典力学》的第 10 讲第 8 式）。这就从根本上解释了为什么量子力学的动量与经典的概念相对应。

使用第 5 讲中广义的不确定性关系，我们可以得到这种情况下的具体结果：

$$[X, P] = i\hbar$$

以及

$$\Delta X \Delta P \geqslant \frac{\hbar}{2}$$

我们把它留在下一节中介绍。

　　现在，我们回忆一下有关对易式的第二个原理。在第 4 讲中，我们发现除非两个力学量 L 与 M 相互对易，否则就不能同时测量，如果它们不对易，你就不可能在测量 L 时，不受到 M 测量结果的影响。不可能同时找到两个不对易力学量之间的共同本征矢量，这就导出了广义的不确定性关系。

海森堡不确定性原理

　　女士们，先生们，现在万众期待的时刻到来了。最后出场的就是：海森堡不确定性原理。

　　海森堡不确定性原理是量子力学中最为著名的一个结论。它断言：一个粒子的坐标和动量不可能同时被确定。不仅如此，它还给我们提供了不确定度的一个定量的极限。关于这一点，我建议你重新去看第 5 讲，在那里我解释了广义的不确定性原理。在那一讲中，我们做足了功课，现在是享受成果的时候了。

正如我们看到的那样，对于同时测量两个力学量 A 与 B 的不确定度，广义海森堡不确定性原理给出一个定量的极限。这个思想反映在公式 5-13 中：

$$\Delta A \, \Delta B \geqslant \frac{1}{2} \left| \langle \Psi | [A, B] | \Psi \rangle \right|$$

现在让我们直接将这个原理应用到位置与动量算符 X、P 中去。在这种情况下，对易式就是一个数，所以它的期望值也是同一个数。用 X 与 P 代替了 A 与 B 之后，得到：

$$\Delta X \, \Delta P \geqslant \frac{1}{2} \left| \langle \Psi | [X, P] | \Psi \rangle \right|$$

然后把 $[X, P]$ 替换成 $i\hbar$，得到：

$$\Delta X \, \Delta P \geqslant \frac{1}{2} \left| i\hbar \langle \Psi | \Psi \rangle \right|$$

$\langle \Psi | \Psi \rangle$ 的结果是 1，所以最终结果就是：

$$\Delta X\ \Delta P \geqslant \frac{1}{2}\hbar$$

从未有实验能够打破这个极限。你可以尽全力去同时测定粒子的动量和位置，但是无论怎样小心，位置不确定度与动量不确定度的乘积绝对不会小于 $\frac{1}{2}\hbar$。就像我们在本讲前面看到的那样，X 的本征态波函数围绕点 x_0 高度聚集，对于这个本征态，概率也是完美地局域化在这个地方。此外，动量本征态的概率 $P(x)$ 则是完全均匀地铺满 x 轴。为了体现这一点，我们取公式 8-17 中的波函数，并乘以它的复共轭：

$$\psi_p^{*}(x)\psi_p(x) = \left(\frac{1}{\sqrt{2\pi}}\,e^{\frac{-ipx}{\hbar}}\right)\left(\frac{1}{\sqrt{2\pi}}\,e^{\frac{ipx}{\hbar}}\right) = \frac{1}{2\pi}$$

结果是完全均匀的，在 x 轴的任何地方上都没有峰值出现。很明显，一个动量确定的态在位置上就是完全不确定的。

图 8-2 显示的是位置变量 x 的不确定度的定义，在上图中，你可以看到不确定度 Δx 测量的就是一个函数相对于它的数学期望值 $\langle x \rangle$ 的分散程度，d 标记的是一个点相对于 $\langle x \rangle$

的偏离，它可能是正数，也可能是负数。不确定度 Δx 是所有可能的 d 平均之后的结果，反映了这个函数的整体。为了避免正数部分被负数部分抵消掉，在求平均值的过程中，每个 d 的数值都先取了平方。

图 8-2 的下图显示了不确定度 Δx 是怎样简化计算的，方法是把原点移动到 $\langle x \rangle$ 的位置上。在这个过程中，Δx 的数值保持不变。

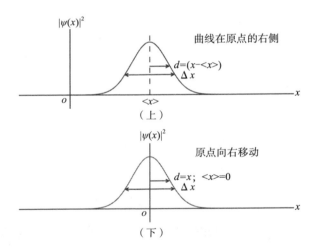

图 8-2　不确定度基础

注：上图：$\langle x \rangle$ 在原点的右边，差距 d 可正可负，整体的不确定度 $\Delta x(>0)$，通过 d^2 的平均值来计算。下图：原点向右侧移动，$\langle x \rangle = 0$，Δx 的数值不变。

Quantum Mechanics

第 9 讲

粒子动力学

Lecture 9
Particle Dynamics

Quantum
Mechanics

　　阿特和莱尼满心期待着希尔伯特之地会有一些活动，但是所有娱乐设施的状态指针^①都定住了，一动不动。

　　莱尼：好无聊，阿特。这里真的什么活动都没有吗？喂！希尔伯特，为什么这些仪器都不动呢？

　　希尔伯特：哦，不要担心，等哈密顿人来了就好了。

　　阿特：哈密顿人？他听起来像是一个真正的操作员。

---

① 这里使用了双关，原文 state-vector 是量子力学中的态矢量的意思，而后面的哈密顿人（Hamiltonian）也是力学中哈密顿量的意思，操作员是 operator，也就是算符。——译者注

一个简单的例子

理论最小值的前两卷一直集中在两个问题上，第一个就是什么是物理学中的系统，以及我们怎么描述它的运动态。正如我们看到的那样，经典物理学和量子力学对此的回答是非常不同的，经典相空间使用坐标和动量的空间，而在量子理论中变成了态的线性矢量空间。第二个问题就是态随时间是如何变化的。无论是经典力学还是量子力学中，答案都来自第负一定律。换句话说，态的变化不会消除信息与差别。在经典力学中，这个原理导出了哈密顿方程与刘维尔定理。在第4讲中，我解释了这个定律如何导出了幺正性原理，并进一步得到广义薛定谔方程。

第8讲是关于第一个问题的：我们如何去描述一个粒子的态。而在这一讲，我们将进入第二个问题，相应的表述可以写成"量子力学中的粒子是如何运动的"。

在第 4 讲中，我给出了一个量子态随时间变化的基本定律。其中最为根本的要素就是哈密顿量 H，在经典力学和量子力学中它都代表着系统的能量。在量子力学中，哈密顿量是通过含时薛定谔方程

$$i\hbar\frac{\partial|\varPsi\rangle}{\partial t}=H|\varPsi\rangle \qquad (9\text{-}1)$$

来控制系统随时间变化的。这一讲全部是关于原版薛定谔方程的，也就是薛定谔为了描述量子力学中的粒子所写下的方程。原版薛定谔方程是公式 9-1 的一个特例。

经典力学中，通常（非相对论性）粒子的运动是通过哈密顿量来控制的，而哈密顿量等于动能加上势能。我们很快就会谈到量子力学版本的哈密顿量，但在那之前，我们看一个更简单的哈密顿量。

让我们从一个所能想到的最简单的哈密顿量开始，在这种情况下，哈密顿量算符 H 等于一个固定的常数乘以动量算符 P，也就是

$$H = cP \qquad (9\text{-}2)$$

尽管很有教学意义，但是这个例子并不常见。常数 c 是个固定不变的数。那么对于一个粒子来说 cP 是一个合理的哈密顿量吗？它是，很快我们就会找到它所代表的粒子了。但是现在我们还不能期待公式 9-2 就是可以代表非相对论性粒子的形式。或者说，它还不等于 $P^2/2m$。我们之所以先探索更为简单的例子，是为了熟悉数学工具。

我们如何使用坐标基底的波函数 $\psi(x)$ 来表达这个例子呢？让我们先把算符代入含时薛定谔方程（公式 9-1）：

$$i\hbar\frac{\partial\psi(x,t)}{\partial t}=-ci\hbar\frac{\partial\psi(x,t)}{\partial x}$$

注意：我们现在把 ψ 写成 x 与 t 两个变量的函数。消掉 $i\hbar$ 项，得到：

$$\frac{\partial\psi(x,t)}{\partial t}=-c\frac{\partial\psi(x,t)}{\partial x} \tag{9-3}$$

这是一个非常简单的方程，实际上所有包含 $(x-ct)$ 项的函数都是它的解。而 $(x-ct)$ 的函数意味着不是独立依赖着 x 或者 t，而是依赖着 $(x-ct)$ 这个组合整体的。为了看出它的原理，只要对任意一个 $\psi(x-ct)$ 的函数求导就好了，得到：

$$\frac{\partial \psi(x-ct)}{\partial x}$$

$(x-ct)$ 对 x 的导数等于 1，但是如果你对它求时间偏导数的话就会得到：

$$-c\frac{\partial \psi(x-ct)}{\partial t}$$

很明显，这两个导数的结合就是公式 9-3。因此任何类似形式的函数都是薛定谔方程的解。

现在，让我们看看函数 $\psi(x-ct)$。它看起来是什么样子的呢？它随时间又是如何演化的呢？假设初始时刻 $t=0$，我们把这一时刻的形状定义成 $\psi(x)$，因为它告诉我们在某个具体的 $t=0$ 时刻，空间的各个点上 ψ 的样子。当然，我们针对的并不是任意的函数，因为我们需要总的概率等于 1：

$$\int_{-\infty}^{\infty} \psi^*(x)\psi(x)\mathrm{d}x = 1$$

换言之，我们想要的 $\psi(x)$ 它在无穷远的地方要能很快衰减到 0，这样才能保证积分不会"积飞掉"。

图 9-1 是一个 $\psi(x)$ 的示意图。具有这样特征的函数是有物理意义的，我们把 $\psi(x)$ 叫作一个波包（wave packet）。

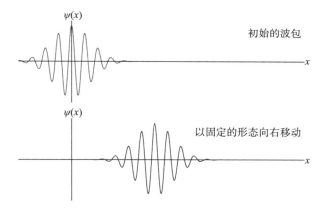

图 9-1　波包以固定的形态和不变的速度移动

我们已经描述了在 $t = 0$ 这个时刻 $\psi(x)$ 的形态，现在来看看随着时间运行会发生些什么。随着 t 的增加，波包的形状不会发生任何变化，这个复函数保持着它的形态，以定常的速度 c 向着右边平移[1]。

用符号 c 来代表常数是有原因的，通常 c 代表的是光速。

————————————

[1] 其中既包含了 $\psi(x)$ 的实部，也包含了虚部。

那么这个粒子是光子吗？不，并不一定。但是对这个假想粒子的描述，非常接近于一个光速运行的中微子的正确描述（真实的中微子的运动速度很可能比光速要小一点点）。而这个哈密顿量也非常好地描述了一个一维的中微子，但存在一个小问题，那就是它只能描述向右运动的粒子，为了能够让描述更加的丰满，我们还要考虑一些其他的可能性。比如，也可以向左移动[1]。

我们的右行塞克子[2]有一个奇怪的特性，就是它的能量可正可负。这是因为算符 P 是一个矢量，所以既可以取正也可取负。一般来说，动量为负的粒子所具有的能量也是负的；而能量为正的粒子，它的动量也是正的。关于这一点我不想说太多，只想提一下，这种粒子具有负能量的问题已经被狄拉克解决了，并且，由此他建立了反粒子的理论基础。对于我们来说，可以不用管这个问题，只要简单地允许我们的粒子的能量既可以取正值也可以取负值就够了。

---

[1] 我们的右行粒子让我想起了著名儿童文学家苏斯博士（Dr. Seuss）的经典故事《塞克斯》（The Zax），我打算把它叫作"右行塞克子"。如果苏斯博士对中微子有更多了解的话，不知道故事会变成什么样。（故事中的两位塞克斯先生一位只向北走，另一位只向南走，绝不向其他方向移动一寸。——译者注）

[2] 好了，我已经叫出来了。

　　我们的粒子的波函数保持刚性地沿着 x 轴移动，所以相应的概率分布也是如此。作为一个结果，x 的数学期望值也同样移动着，即以速度 c 向右移动。对于该系统来说，这才是真正意义上的量子力学。然而还要记住另外一件事情，当我们说速度 c 是个常数时，我们并不是在开玩笑。我们的粒子只能存在于以某个特定速度运动的态上，它既不能减速也不能加速。

　　这样的粒子在经典力学中的描述是怎样的呢？使用同一个哈密顿量，一个经典物理学家应该会写下一个哈密顿方程，对于 $H = cP$，哈密顿方程是：

$$\frac{\partial H}{\partial p} = \dot{x}$$

以及

$$\frac{\partial H}{\partial x} = -\dot{p}$$

　　计算出它们的偏导数，就变成：

$$\frac{\partial H}{\partial p} = \dot{x} = c$$

以及

$$\frac{\partial H}{\partial x} = -\dot{p} = 0$$

所以，我们的粒子的经典描述为动量守恒，位置上以固定的速度 c 来移动。在量子力学中，整个概率分布和数学期望也以速度 c 在移动。换句话说，位置的期望值也符合经典运动方程的结果。

非相对论性自由粒子

只有无质量粒子才可能以光速运动，我还想补充的是，它也只能以光速运动。所以在我们已知的粒子中，除了光子和引力子是无质量的之外，其他粒子的运动速度都小于光速 c。当粒子运动的速度远远小于 c 时，它们被称为非相对论性粒子，其运动遵守通常的牛顿力学，至少从经典的角度来说是这样的。而最早应用于量子力学的正是非相对论性粒子的运动。

第4讲和第8讲介绍了经典力学中的泊松括号对应于量子力学中的对易式。在这个架构里，量子力学与经典力学的运动方程形式几乎是一致的。特别是哈密顿量在量子力学的对易式和经典力学的泊松括号中的功能是相同的。所以当你已经知道了经典力学中的哈密顿量的话，那么相应的量子力学的方程，可以通过经典哈密顿量转换成算符的方法写出来。

对于一个非相对论性自由粒子，哈密顿量的自然写法就是 $p^2/2m$ ，当我们说一个粒子是自由的时，就意味着它没有受到力的作用。因此我们可以忽略势能，把关注点放在动能上，它的定义是：

$$T = \frac{1}{2}mv^2$$

你可能记得，经典粒子的动量是：

$$p = mv$$

这时，哈密顿量就是动能，我们可以用动量 p 来表达它。从而得到经典自由粒子的哈密顿量为：

$$H = \frac{1}{2}mv^2 = \frac{p^2}{2m}$$

不像前面右行塞克子的例子，本例中粒子的能量和它运动的方向是无关的。这是因为能量正比于 p^2，而不是 p。所以我们要从 $p^2/2m$ 出发写出自由粒子的薛定谔方程（正是薛定谔发现的原始版方程）。

我们计划再次使用上个例子的路数，也就是使用哈密顿量来写含时薛定谔方程，通常来说，方程的左边是：

$$i\hbar\frac{\partial \Psi}{\partial t}$$

我们需要推导的是方程的右边，通过将经典哈密顿量——动能改写为一个算符的方法，经典的动能是：

$$\frac{p^2}{2m}$$

量子力学版本的 p 要用 P 来代替：

$$H = \frac{P^2}{2m}$$

这又是什么意思呢? 正如你看到的那样, 算符的定义是:

$$P = -i\hbar \frac{\partial}{\partial x}$$

P^2 恰好是一个算符, 相当于你允许 P 连续作用两次。因此:

$$P^2 = \left(-i\hbar \frac{\partial}{\partial x}\right)\left(-i\hbar \frac{\partial}{\partial x}\right)$$

或者

$$P^2 = -\hbar^2 \frac{\partial^2}{\partial x^2}$$

那么, 哈密顿量就变成了:

$$H = -\frac{\hbar^2}{2m} \frac{\partial^2}{\partial x^2}$$

接下来, 我们把左边和右边用等号连接起来, 就得到了含时薛定谔方程:

$$i\hbar \frac{\partial \psi}{\partial t} = \frac{-\hbar^2}{2m} \frac{\partial^2 \psi}{\partial x^2} \qquad (9\text{-}4)$$

这就是非相对论性自由粒子的传统薛定谔方程。与之前的例子相比，这是个特殊类型的波动方程，不同波长（动量）的波对应着不同的速度。因此，波函数不能保持它的形状，不像塞克子波函数，它将会随着传播的过程慢慢衰减下去。这个过程简要地画在了图 9-2 中。

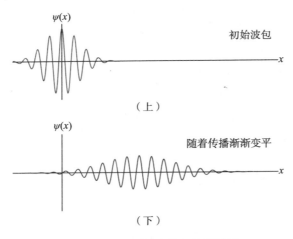

图 9-2　非相对论性自由粒子的典型波包

注：上图：波包在初始的地方是致密而高度局域化的；下图：一段时间之后，波包移动到了右边，且变平延展开来。

含时薛定谔方程

我们将求解非相对论性自由粒子的含时薛定谔方程。但我们首先要解决定态薛定谔方程，定态方程本质上是哈密顿量的本征矢量方程：

$$H\left|\Psi\right\rangle = E\left|\Psi\right\rangle$$

使用波函数 $\psi(x)$ 写成显式的结果为：

$$-\frac{\hbar^2}{2m}\frac{\partial^2\psi(x)}{\partial x^2} = E\psi(x) \qquad (9\text{-}5)$$

我们很容易找到满足这个方程的本征矢量完全集。实际上，使用动量本征矢量就可以满足。我们试着对下列函数求微分：

$$\psi(x) = e^{\frac{ipx}{\hbar}} \qquad (9\text{-}6)$$

我们发现只要设定：

$$E = \frac{p^2}{2m} \qquad (9\text{-}7)$$

这个函数就确实是公式 9-5 的解。这个结果并不令人意外，毕竟 E 代表的意思就是公式 9-5 的能量本征值。

量子力学练习

练习 9-1： 把公式 9-6 代入公式 9-5，导出公式 9-7。

在第 4 讲中，我们看到定态薛定谔方程的每一个解都允许我们构造出一个含时的解，因此我们所要做的就是把定态解 $e^{\frac{ipx}{\hbar}}$ 乘上因子 $e^{-i\frac{Et}{\hbar}} = e^{-i\frac{p^2 t}{2m\hbar}}$。从而解的完全集可以写作：

$$\psi(x,t) = \exp \frac{i\left(px - \dfrac{p^2 t}{2m}\right)}{\hbar}$$

这样，任何一个解都可以通过上述求和或者积分得到：

$$\psi(x,t) = \int \tilde{\psi}(p)\left(\exp\frac{\mathrm{i}\left(px - \dfrac{p^2 t}{2m}\right)}{\hbar}\right)\mathrm{d}p$$

你可以从 $t=0$ 时刻的任意一个波函数出发，通过傅里叶变换的方法得到 $\tilde{\psi}(p)$，并让它演化下去。它的形状将会发生变化，因为不同 p 的波传播速度并不一样。下面很快就会看到，整体波包运动的速度是 $\langle p/m \rangle$，这和经典粒子是一样的。

这个通解虽然简单但有重要的意义。此外，它还表明动量表象波函数随时间变化的方式是非常简单的：

$$\tilde{\psi}(p,t) = \tilde{\psi}(p)\exp\frac{\mathrm{i}\left(px - \dfrac{p^2 t}{2m}\right)}{\hbar}$$

换句话说，只有相位是随时间变化的，而幅度保持不变，是个常数。这个结果有趣的地方在于概率 $P(p)$ 也是不随时间变化的。当然这是动量守恒的结果，但是这只对于不受力的粒子才成立。

速度与动量

到目前为止，我已经解释了算符 P 与动量的经典表达（即质量乘以速度）之间的关系，也可以写作：

$$v = p / m \qquad\qquad (9\text{-}8)$$

那么在量子力学中，我们用什么来表示速度呢？最简单的答案是使用平均位置 $\langle \Psi | X | \Psi \rangle$ 对时间的导数：

$$v = \frac{\mathrm{d} \langle \Psi | X | \Psi \rangle}{\mathrm{d} t}$$

或者更为具体地写成波函数的形式：

$$v = \frac{\mathrm{d}}{\mathrm{d} t} \int \psi^* (x,t) \, x \psi (x,t) \, \mathrm{d} x$$

为什么 $\langle \Psi | X | \Psi \rangle$ 会随时间变化？因为 ψ 是依赖于时间的，实际上我们还知道是如何依赖于时间的。ψ 对时间的依赖性是由含时薛定谔方程决定的。我们可以利用这一点来求解 $\langle \Psi | X | \Psi \rangle$ 如何随时间变化。我可以用一种粗暴的方法来

做这件事，但是那要花上好几页纸的篇幅。幸好，我们在前文中学到的一些抽象方法可以让这个事情变得简单。实际上，我们已经在第 4 讲中做过这件事情了。在继续前进之前，我建议你再回顾一下第 4 讲中的内容。再次回到公式 4-17：

$$\frac{\mathrm{d}}{\mathrm{d}t}\langle L\rangle = \frac{\mathrm{i}}{\hbar}\langle[H,L]\rangle$$

用语言来描述就是：任意力学量 L 的数学期望值的时间导数都可以通过哈密顿量与 L 的对易式乘以 $\mathrm{i}/\hbar$ 得到。把这一原理应用到速度 v 上，就是：

$$v = \frac{\mathrm{i}}{2m\hbar}\langle[P^2,X]\rangle \qquad (9\text{-}9)$$

现在我们只要求出 P^2 与 X 之间的对易式就好了。经过几个简单的步骤得到：

$$[P^2,X] = P[P,X]+[P,X]P \qquad (9\text{-}10)$$

通过展开每一个对易式，并去掉一些明显抵消的项，就可以证明这一关系。

量子力学练习

练习 9-2：展开公式 9-10 的两边，比较结果，证明等
式成立。

最后一步是使用标准的对易关系：

$$[P, X] = -i\hbar$$

并把它代入公式 9-10，再把结果代入公式 9-9，得到：

$$v = \frac{\langle P \rangle}{m}$$

或者写成更熟悉的形式：

$$\langle P \rangle = mv \qquad\qquad (9\text{-}11)$$

我们已经证明了想要证明的内容：动量等于质量乘以速
度，或者更为准确的说法是，平均动量等于质量乘以速度。

为了更好地理解它的意义，让我们假设波函数是一个波包的形式，或者是很窄的一团，所以 x 的期望值近似就是团块的中心处。公式 9-11 告诉我们的是，波包中心运动的方式满足经典的规则 $p = mv$。

量子化

在进入量子力学中有关力的话题之前，我想要先暂停并讨论一下我们已经学了哪些内容。我们从一个熟知的并且充分信任的经典系统，也就是一个自由粒子系统出发，并把这个系统进行了量子化的操作。我们可以把这个过程总结为如下几步：

1. 从某个经典系统开始，这意味着存在一组坐标 x 和动量 p。在我们的例子中，只有一个坐标和一个动量，但是这一过程很容易推广。坐标和动量总是成对出现的，如 x_i 和 p_i。经典系统也有哈密顿量，它是 x_i 和 p_i 的函数。

2. 使用线性矢量空间来代替经典相空间，在坐标表象里，态空间用波函数 $\psi(x)$ 来表示，一般来说它是坐标的函数。

3. 使用算符 X_i 和 P_i 来代替 x_i 和 p_i，每一个 X_i 作用在波函数上都要乘以一个 x_i，而 P_i 的作用由法则决定：

$$P_i \to -i\hbar\frac{\partial}{\partial x_i}$$

4. 在这些替换做完了之后，哈密顿量就也变成了一个算符，它既可以用在含时薛定谔方程中，也可以用在定态薛定谔方程中。含时薛定谔方程告诉我们波函数如何随时间变化，而借助定态薛定谔方程，我们找出了哈密顿量的本征矢量和本征值。

这一量子化的过程就是把一个系统的经典方程转换为量子方程。它一次又一次地被应用到各个领域之中，从粒子的运动到量子电动力学。甚至有人尝试把爱因斯坦的引力理论也进行量子化（虽然并不是很成功）。就像我们在一些简单的例子中看到的那样，这个过程保证了数学期望值的运动非常接近经典的运动。

这也提出了一个"先有鸡还是先有蛋"的问题：量子理论与经典理论是先有的哪一个呢？物理学逻辑的起点应该是经典力学还是量子力学呢？我想答案是明显的。量子力学是自然界的真正描述，经典力学，虽然美丽且优雅，但只不过是一个近似。粗略地说，当波函数还能保持一个波包形态时，它还是奏效的。幸运的是，我们可以猜出一些系统的量子理论，就是这样，先根据一个熟悉的经典系统去猜，然后进行量子化。这种方法有时行得通。作为一个点，电子的量子运动可以从粒子的经典力学推出。量子电动力学也是一个例子，它是从麦克斯韦方程推出的。但是也有一些情况是没有经典理论来作为推理起点的，粒子的自旋就没有真实的经典对应物，广义相对论的量子化也遭遇了很大的失败。量子理论很可能要比经典理论基础得多，而经典理论应该被理解成其近似的结果。

话虽如此，现在我还要继续把粒子的运动进行量子化，但这次要包含力的贡献了。

力

如果所有粒子都是自由的，这个世界将毫无生机。而力能让粒子做出一些有趣的事情，比如把粒子组装成原子、分子、巧克力糖，以及黑洞。作用在任何给定粒子上的力，是除它之外宇宙中所有其他粒子对其作用力的总和。而实际上，我们总是假设我们已经知道了所有其他的粒子正在做什么，而它们在我们所要研究的粒子上的效应通过势能函数来体现。这一点在经典力学和量子力学中都是正确的。

势能函数使用 $V(x)$ 来代表，在经典力学中，通过下列方程能给出作用在粒子上的力：

$$F(x) = -\frac{\partial V}{\partial x}$$

如果运动是一维的，公式中的偏微分可以用常微分来代替，但是我还是把它保持原样。如果我们把这个方程结合进牛顿第二定律，也就是 $F = ma$ 中的话，得到：

$$m\frac{\mathrm{d}^2 x}{\mathrm{d}t^2} = -\frac{\partial V}{\partial x}$$

在量子力学中，我们处理的方式并不是这样。我们写出一个哈密顿量，然后解薛定谔方程。那么把势能加入进来的程序将是很简单的，就是势能 $V(x)$ 变成算符 V，然后加入哈密顿量。

V 是哪一种算符呢？如果使用波函数的语言而不是抽象的左矢量和右矢量语言的话，答案是最简单的。当算符 V 作用到任意一个波函数上时，它等于波函数乘以 $V(x)$：

$$V |\Psi\rangle \rightarrow V(x)\psi(x)$$

就像经典力学中一样，一旦加入了作用力，粒子的动量就不再是一个常数了。实际上牛顿运动定律可以表述成：

$$\frac{\mathrm{d}p}{\mathrm{d}t} = F$$

或者以下形式：

$$\frac{\mathrm{d}p}{\mathrm{d}t} = -\frac{\partial V}{\partial x} \qquad （9-12）$$

量子化的规则要求我们把 $V(x)$ 加入哈密顿量[①]：

$$H = \frac{P^2}{2\mathrm{m}} + V(x) \qquad （9-13）$$

且薛定谔方程可以很容易地修改成

[①] 从技术的角度上来说，这对自由粒子也是成立的。只不过，针对自由粒子的情况，我们要把 $V(x)$ 设成 0。

$$\mathrm{i\hbar}\frac{\partial \psi}{\partial t} = \frac{-\hbar^2}{2\mathrm{m}}\frac{\partial^2 \psi}{\partial x^2} + V(x)\psi$$

$$E\psi = \frac{-\hbar^2}{2\mathrm{m}}\frac{\partial^2 \psi}{\partial x^2} + V(x)\psi \qquad (9\text{-}14)$$

这会带来什么效应呢？额外的这一项明显会改变 ψ 随时间变化的方式。当然也必须如此，毕竟波包的平均位置总要大致重复出经典的轨迹。为了检验我们的推理，让我们看看是不是这样，公式 9-11 是否还是正确的？它应该还正确，毕竟动量与速度之间的关联和力的存在与否并没有什么关系。

因为新的一项加入 H 中，所以 X 与 H 的对易式也会多出一项。这在原则上可能会修正公式 9-9 中速度的表达式，但不难看出，实际上并没有发生。新的项中涉及了 X 与 $V(x)$ 的对易式，但是乘以 x 与乘以 x 的函数是对易的操作。换句话说就是：

$$[X, V(x)] = 0$$

因此，在量子力学中，速度与动量之间的关系并不会受到力的影响，这和经典力学中是一样的。

更有意思的问题是：我们能够解释量子力学版本的牛顿

定律吗？就像上面说的那样，这个定律可以写作：

$$\frac{dp}{dt} = F$$

我们计算一下 P 的数学期望的时间导数。同样，技巧还在 P 与哈密顿量之间的对易式上：

$$\frac{d}{dt}\langle P \rangle = \frac{i}{2m\hbar}\langle [P^2, P] \rangle + \frac{i}{\hbar}\langle [V, P] \rangle \qquad (9\text{-}15)$$

算符与自身的任何函数之间都是对易的，所以第一项是 0。为了计算第二项，我们将使用一个还没有证明过的公式：

$$[V(x), P] = i\hbar \frac{dV(x)}{dx} \qquad (9\text{-}16)$$

把公式 9-16 代入到公式 9-15 中，得到：

$$\frac{d}{dt}\langle P \rangle = -\left\langle \frac{dV}{dx} \right\rangle$$

现在让我们证明公式 9-16，把等号左边的对易式作用在波函数上，得到：

$$\left[V(x),P\right]\psi(x)=V(x)\left(-i\hbar\frac{d}{dx}\right)\psi(x)-\left(-i\hbar\frac{d}{dx}\right)V(x)\psi(x)$$

（9-17）

这个等式不难简化，其结果就是公式 9-16，由此我们证明了：

$$\frac{d}{dt}\langle P\rangle=-\left\langle\frac{dV}{dx}\right\rangle$$

（9-18）

这就是量子力学版本的牛顿定律，表达了动量随时间变化的速率。

量子力学练习

练习 9-3： 证明公式 9-17 等号右边可以简化成公式 9-16 等号右边的结果。提示：先展开第二项的时间微分，然后寻找有哪些项可以合并。

线性运动和经典极限

你也许认为我们已经证明了 X 的期望值完美契合经典轨迹，实际上我们远没有做到这一点。出现差别的原因就在于 x 的函数的平均值并不等于 x 平均值的函数。如果公式9-18写作：

$$\frac{\mathrm{d}}{\mathrm{d}t}\langle P \rangle = -\frac{\mathrm{d}V(\langle x \rangle)}{\mathrm{d}\langle x \rangle}$$

才能说位置和动量的平均值满足经典方程[①]。但在现实中，经典方程只是一个近似，只有在我们能用 x 的平均值的函数去代替 $\mathrm{d}V/\mathrm{d}x$ 的平均值时，结果才是一个很好的近似。那什么时候才是可以的呢？答案是与波包的尺度相仿的时候，而且 $V(x)$ 的变化要足够慢。如果在波包的尺度上 $V(x)$ 变化非常快，经典的近似将会失效。实际上，这会导致原来很窄的波包解体成一个散射开来的波，并且无法组合成原来的那个波包，概率函数也会飞散开。这个时候你已经没有选择了，只剩下去求解薛定谔方程这一条路了。

我们更仔细地看看这一点。在数学方面，我们并没有假

---

① 注意，这是一个不正确的推演。

设波包的形状，但是心中默认的想法是可以用一个形状比较
好的函数来描述，也就是有一个最大值，而且在正负两个方
向上都能光滑地衰减到 0。这些条件虽然没有明确地写到我
们的数学假设中，但会真实地影响一个粒子的行为是否与经
典力学所期待的方式一样。

为了展示这一点，让我们考虑一个略微"怪异"的波包，
如图 9-3 所示为一个双峰波包（有两个最大值），它的中心
在 x 轴的原点。现在让我们考虑一个 x 的函数 $F(x)$，这里的
F 代表力。$F(x)$ 的期望值与 x 的期望值处的 F 并不相等。换
句话说就是：

$$\langle F(x) \rangle \neq F(\langle x \rangle)$$

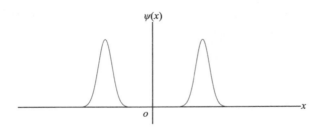

图 9-3　双峰函数

注：中心在 $x=0$ 处，注意 $\langle x \rangle = 0$，但是 $\Delta x > 0$。

等号右边是波包中心处的函数，它显然和等号左边不一样，左边对应于上一节中的结果——$\langle F(x) \rangle$，它与公式9-18 的等号右边 ① 具有相同形式。

下面来看一个极端的例子，两个表达式差别极大的例子。假设 F 等于 x 的平方：

$$F = x^2$$

同时假设波包的形状类似于图 9-3，那么 x 的期望值是多大呢？是 0，所以相应的 $\langle F(x) \rangle$ 也是 0，因为 $F(x) = 0^2 = 0$。此外，x^2 的期望值又是多大呢？它肯定比 0 要大很多。所以当一个波包不是一个漂亮的单峰，那么它的主要部分就不在中心区。这样一来，动量的时间变化率等于 x 的期望值处的受力这一规律就不再是正确的。只有当波函数集中在一个很窄的区间上时，力 $F(x)$ 的平均值才等于 $F(\langle x \rangle)$。所以我们所说的量子力学的运动方程与经典力学中的运动方程很相似并不完全正确，这要求波包的形状连续并且相当集中。

如果其他的条件不变，但粒子的质量变得很大的话，那

---

① 回忆一下，$\left\langle \dfrac{\mathrm{d}V}{\mathrm{d}x} \right\rangle$ 在公式 9-18 中代表力。

么波函数将会变得非常的紧凑，如果势函数 $V(x)$ 上没有什么非常特殊的尖刺的话，用 $F(\langle x \rangle)$ 替换 $\langle F(x) \rangle$ 也将是个非常好的近似。如果 $V(x)$ 上有尖刺，波包将会被打散。例如，本来有一个很好的波包向右运动，这时撞到一个点上，比如是个原子，它的势函数类似于图 9-4，波包将会延伸并瓦解。此外，如果它碰上的是一个平滑的势，那么它将会通过这个平滑的势，运动的形态多少有些像经典的粒子。我们并不期望量子力学在所有的情况下都能够重现经典力学的结果。但我们相信当粒子很重，势很平滑并且没有什么东西导致波函数瓦解或者散射的时候 [1]，应该能回到经典力学去。

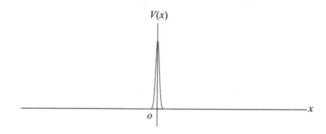

图 9-4 尖刺状势函数

注：有着一个尖峰的势函数会导致波函数散射。这个特征相比于波包的尺度越小，波包被散射得就越厉害，离"经典"就越远。

---

[1] 也许比不了加里森·凯勒（Garrison keillor）的金句那样激荡人心，但在真实性上是一样的。

什么样的物理情况会造成分裂波函数的"不好的势"？假设一个势场有一些与它相关的特征尺度，试想有很多如图 9-4 中那样的又大又紧密排布的尖刺。如果把这些特征尺度用 δx 来表示的话，δx 要比入射粒子位置的不确定度小多了：

$$\delta x < \Delta x$$

如果 $V(x)$ 的尖锐尺度比入射粒子的波包尺度小很多，那么波包就会被分解成很多小份，而且每一份都被散射到不同的方向上去。粗略地讲，势场的特征尺度比入射粒子的波长还要小的话，波函数就倾向于破裂。

让我们假设你拿着一个保龄球，然后问你"Δx 是多少"。我们可能使用海森堡不确定性原理来获取一些直觉上的启示，典型的情况是，$\Delta p \times \Delta x$ 要比 $\hbar$ 大，但在很多合理的情况下，它就是 $\hbar$ 的量级：

$$\Delta p \Delta x \sim \hbar$$

现在，把 p 尽可能地压缩，对于一个通常的宏观对象来说，不确定性关系是可以达到最大的，也就是等号左边约等于 $\hbar$。

原因是非常复杂的，我不会在这里展开。而是先让我们假设这是真的，并找出它的意义。Δp 是多大？它就是 $m\Delta v$，也就能得到：

$$m\Delta v \Delta x \sim \hbar$$

重新排布符号，写作：

$$\Delta v \Delta x \sim \frac{\hbar}{m}$$

或者

$$\Delta x \sim \frac{\hbar}{m\Delta v}$$

现在，如果我在地上放一个保龄球，我当然知道它速度的不确定度并不是非常的大。如果这个球变得越来越重的话，你可以期待它的速度的不确定度会越来越小。但是在任何的情况下，等号右边还有一个 m 在分母上，不管 Δv 是多少，随着 m 的变小，Δx 将变大。特别是它还要变得比势的特征尺度更大。

在量子力学的极限中，当 m 非常小的时候，Δx 将会很大，波函数也就变得更容易被势场中不平坦的地方影响，这时只要求这个势变得比波函数更加陡峭或者有更多的特征结构，如此波函数就会发生解体。此外，随着 m 的变大，Δx 将会很小。对于一个保龄球来说，波函数已经变得异常的集中。当它通过一个比较尖的势的时候，相对来说，这样一个小波函数所经历的还是非常平坦的。而在又平坦又光滑的结构中运动不会造成波函数的分裂。所以大质量与光滑势场就是经典的极限，而一个小质量的粒子，运行在一个颠簸的势场中，就会表现为一个量子力学系统。

如果是电子会怎么样呢？它们的质量是否足够大到像一个经典的粒子？答案取决于势场与质量之间竞争的结果。例如，你把电容两端的平板设为一厘米，里面是一个光滑的电场，那么电子在穿越这个间隙的时候毫无疑问就非常像一个经典粒子。此外，若是一个原子核产生的势场的话，总会有一些尖锐的特征，一旦电子的波函数撞到这样的势上，很可能会被散射到任何地方上去。

在结束这个话题之前，我想要提一下有关最小不确定的波包。这个波包的 $\Delta x \Delta p$ 正好等于 $\hbar / 2$（而不是大于它）。换句话说，这种情况就是量子力学所能允许的最小的 $\Delta x \Delta p$。这个波包具有高斯曲线的形状，它们经常被称为高斯波包，随着时间的推移，它们变得延展且更平。这种波包并不常见，但是确实存在。一个静止的保龄球就是一个好的近似。在第 10 讲中，我们将会看到，谐振子的基态就是一个高斯波包。

路径积分

经典的哈密顿力学聚焦于系统的态如何一步步随着时间向前演化，还有另外一种表述力学的方法，关注点在于整个演化历史，这就是最小作用量原理。对于一个粒子来说，这就意味着要去看粒子从起点到终点之间的完整轨迹。两种方法的结果是一样的，但我想强调的是差别。哈密顿力学研究的重点是一个个瞬时，并告诉你系统是如何从一个瞬时变到下一个瞬时去的。最小作用量原理则是要你退后一步，并从全局的观点去看，可以想象大自然在所有可能轨迹的样本中选中了起点与终点之间作用量最小的一条 [1]。

量子力学中也有关注时间增量演化的哈密顿版本，叫作

---

[1] 严格说来，这个原理应该叫作平稳作用量原理（Principle of Stationary Action），真实的轨迹是作用量的驻点，而不是最小值点，但对我们来说这个差别并不重要。

含时薛定谔方程，它具有一般性。在我们所知的范围内，它可以描述所有的物理系统。即便如此也还是可以问这样的一个问题，也就是物理学家理查德·费曼（Richard Feynman）在大约 70 年前问的一个问题，是否存在一个关注整个历史的量子力学方法。换句话说就是：是否存在一套平行于最小作用量原理的公式体系呢？在这一讲中，我不会去解释费曼路径积分的细节，只会吊一吊你的胃口，我会给出这一方法的一些线索和提示。

首先让我们回顾一下经典的最小作用量原理，在《理论最小值：经典力学》里我们解释过它。假设一个经典的粒子在 t_1 时刻从 x_1 的位置出发，在 t_2 时刻到达 x_2 的位置（如图 9-5 所示）。那么要问：在 t_1 与 t_2 时刻之间的轨迹是什么样的？

根据最小作用量原理，真实的轨迹是作用量最小的那一条。无疑作用量是一个专业的术语，它代表的是拉格朗日量在两个端点之间轨迹上的积分。对于这个简单的系统，拉格朗日量就是动能减去势能。因此，对于一个一维运动的粒子，其作用量是

$$A = \int_{t_1}^{t_2} L(x, \dot{x}) \, dt \qquad （9\text{-}19）$$

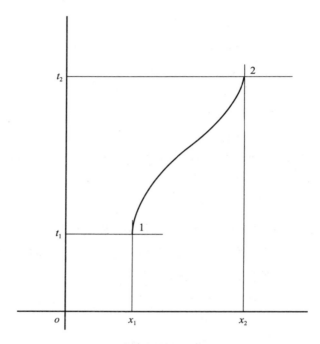

图 9-5　经典轨迹

　　注：这里画的是一个粒子从点 $1(x_1, t_1)$ 到点 $2(x_2, t_2)$ 之间移动的路径。为了简单起见，代表粒子速度的 $\dot{x}$ 轴并没有画在图上。

或者

$$A = \int_{t_1}^{t_2} \left(\frac{m\dot{x}}{2} - V(x) \right) dt$$

思路是尝试所有连接两个端点的可能路径，并计算每一条路径的 A[①]。最终获胜的是拥有最小作用量的那一条路径[②]。

现在让我们转到量子力学去。在量子力学中，因为海森堡不确定性原理，两点之间不存在定义明确的轨迹。由此我们可以问的一个问题就是：如果给定起点在 (x_1, t_1) 的粒子，那么通过一次观测，出现在 (x_2, t_2) 处的概率是多大。

就像量子力学通常的那样，概率幅是复数，概率是它的模的平方。所以这个问题的一个量子力学完全版应该是这样的：给定起点在 (x_1, t_1) 的粒子，它出现在 (x_2, t_2) 处的概率幅是多大？

我们把概率幅定义为 $C(x_1, t_1; x_2, t_2)$，或者更为简单地称它为 $C_{1,2}$。粒子的初始态是 $|\Psi(t_1)\rangle = |x_1\rangle$，在经历 t_1 到 t_2 的时间间隔之后，态演化到了

$$|\Psi(t_2)\rangle = \mathrm{e}^{-iH(t_2-t_1)}|x_1\rangle \tag{9-20}$$

[①] 这是概念上的方法，实际上使用的是欧拉-拉格朗日方程这个快捷的算法，详见《理论最小值：经典力学》的内容。

[②] 为了作图的简洁，我们没有画出轴 $\dot{x}$，但实际上，显然拉格朗日量是依赖于 $\dot{x}$ 的。

而探测到粒子处于 $|x_2\rangle$ 的概率幅就等于 $|\Psi(t_2)\rangle$ 与 $|x_2\rangle$ 的内积。数值为

$$C_{1,2} = \langle x_2 | e^{-iH(t_2-t_1)} | x_1 \rangle \qquad (9\text{-}21)$$

换句话说，从 x_1 走到 x_2，经过 $t_2\text{-}t_1$ 时间间隔之后的概率幅是通过 $e^{-iH(t_2-t_1)}$ 夹在始末两个位置的"三明治"来计算的。为了简化这个公式，让我们把 $t_2\text{-}t_1$ 定义成 t，那么概率幅就是：

$$C_{1,2} = \langle x_2 | e^{-iHt} | x_1 \rangle \qquad (9\text{-}22)$$

现在，我们把时间间隔 t 分成两份，大小为 $t/2$（如图 9-6 所示），算符 e^{-iHt} 可以写成两个算符的乘积：

$$e^{-iHt} = e^{-iHt/2} e^{-iHt/2} \qquad (9\text{-}23)$$

在这个形式中插入一个恒等算符

$$I = \int dx |x\rangle\langle x| \qquad (9\text{-}24)$$

可以重新把概率幅写作：

$$C_{1,2} = \int \mathrm{d}x \left\langle x_2 \left| \mathrm{e}^{-\mathrm{i}Ht/2} \right| x \right\rangle \left\langle x \left| \mathrm{e}^{-\mathrm{i}Ht/2} \right| x_1 \right\rangle \qquad （9\text{-}25）$$

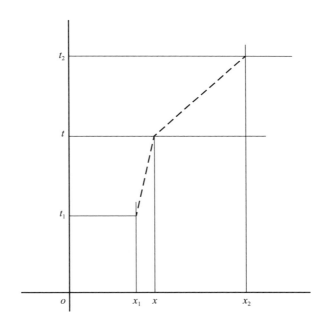

图 9-6　通向轨迹量子化的第一步

注：把粒子的轨迹分成相等的两段（这里指的是时间上的相等）。粒子的起点和终点是相等的，现在这个路径通过的中点在 x 处。

写成这种形式看起来更为复杂，但是有一个有趣的解释：在经历时间间隔 t 之后，从 x_1 到 x_2 的概率幅等于对中间位置 x 的积分。被积函数是从 x_1 到 x，经历了 $t/2$ 时间间隔的概率幅乘以从 x 到 x_2 经历另一个 $t/2$ 时间间隔的概率幅的结果。

图 9-6 用图像化的语言证明了同样的思想，在经典力学中，从 x_1 到 x_2，粒子一定会经过中间点 x。但是在量子力学中，概率幅从 x_1 到 x_2 是所有可能的中间点的积分。

我们可以继续使用这个思想，把时间间隔分割成更多更小的区间，就像图 9-7 那样，我不想写出这个复杂的公式，但是思路是很清楚的。对于每一个长度为 ϵ 的小时间间隔，我们使用一个因子：

$$e^{-i\epsilon H}$$

然后在每两个因子之间，我们要插入一个恒等式，结果概率幅 $C_{1,2}$ 变成了一个所有中间位置的积分的乘积。被积函数是下面这个表达式的乘积：

$$\langle x_i | e^{-i\epsilon H} | x_{i+1} \rangle$$

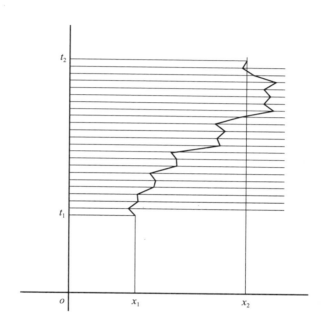

图 9-7　用更多步来构造路径积分

　　注：保持同样的起点和终点，把路径打碎成一系列等长度
的线段。

如果定义

$$U\left(\epsilon\right) = \mathrm{e}^{-i\epsilon H}$$

然后写出全部的乘积：

$$\langle x_2 | U^N | x_1 \rangle$$

也就是：

$$\langle x_2 | UUUU \cdots | x_1 \rangle$$

在这个方程中，U 作为因子出现了 N 次，N 是长度为 ϵ 的步数。然后我们可以在 U 之间插入恒等式。

这个表达式给出的是一个给定路径的概率幅，但是粒子可能并不会沿着某个路径走。代替它的是，时间间隔变成很多很多无穷小的间隔，概率幅就变成了对两个端点之间所有可能路径的积分。费曼发现的一个优雅的事实就是每条路径的概率幅都与经典力学中熟悉的表达存在一个简单的关系，即这条路径的作用量。对于每条路径的精确表达就是：

$$e^{iA/\hbar}$$

这里的 A 就是每条独立路径的作用量。

费曼的公式可以总结成一个单一的公式：

$$C_{1,2} = \int_{\text{paths}} e^{iA/\hbar} \qquad (9\text{-}26)$$

路径积分公式不仅仅是个优雅的数学技巧，还有着强大的现实用处。实际上，用它可以推导出薛定谔方程，以及所有量子力学中的对易关系。但是它真正出场的地方是在量子场论中，在那里它是把粒子物理定律转化成公式的基本工具。

Quantum Mechanics

第 10 讲

谐振子

Lecture 10
The Harmonic Oscillator

Quantum
Mechanics

阿特：我想我明白了，莱尼。整个图像开始慢慢地变得清晰。负一先生、不确定将军、纠缠对、哈密顿人——甚至是简并，接下来还有什么？

莱尼：振荡，阿特。震颤。你是小提琴手，今晚就为我们最后演奏一曲，活跃一下气氛吧。

在构建量子世界的所有基本要素中，有两个特别基础，自旋或者称为量子比特当然是其中之一。在经典逻辑中，每一件事情都能变成一道是非题。类似地，在量子力学中，每一个逻辑问题都可以化作有关量子比特的问题。我们在本书开始时花了很多的时间来学习量子比特。在本讲中，我们将要学习量子力学中的第二个基本要素，也就是谐振子。

谐振子并不是像氢原子或者夸克那样的实体粒子，它实际上是理解众多现象的数学框架。谐振子的概念也存在于经典物理学之中，但在量子力学中才变得引人注目。

一个谐振子的例子就是粒子在线性回复力的作用下运动。例如，在弹簧的一端有一个配重，一个理想化的弹簧满足胡克定律：作用在运动质点上的力正比于它偏离的位移。我们把这样的力叫作回复力，因为它总是把质点推回到平衡位置。

另外一个例子就是在碗里滚上滚下的玻璃球，当然这里

不考虑由于摩擦带来的能量损失。用来描述这个系统的势能
函数看起来就像一条抛物线：

$$V(x) = \frac{k}{2}x^2 \qquad (10\text{-}1)$$

常数 k 叫作弹性系数。我们回忆一下就知道，作用在物体上
的力等于 V 的负梯度，我们发现作用在物体上的力是

$$F = -kx \qquad (10\text{-}2)$$

负号表明力的作用总是和位移的方向相反，并把质点推向原
初的位置。

　　为什么谐振子在物理学中的应用如此广泛呢？因为几乎
任何光滑函数在函数的极小值附近看起来都很像是抛物线。
实际上，很多种类的系统的能量函数都有一个特征，它能够
被近似成某个变量到平衡位置距离的二次函数。当受到扰动
的时候，这个系统将会围绕平衡点振荡。例如：

● **处于晶体格点中的原子。**如果原子被轻微地移动到
　偏离平衡位置时，它会被近似线性的回复力推回来。
　这个运动是三维的，并且由三个独立的振动组成。

- **一个低电阻电路中的电流经常会产生某个特征频率上的振荡。**这个电路的数学模型与贴在弹簧上的小球的数学模型是一样的。

- **波。**如果池塘的表面受到扰动，它会向外发出波。如果有人盯着一个点看，在波传播过程中，会看到水面的振荡。这个运动也可以描述成简谐运动，声波也是这样。

- **电磁波。**就像其他的波一样，当一个光波或者一个微波穿过你的时候，也会发生振荡。描述振荡粒子的数学模型同样也可以应用于电磁波。

这个名单可以一直列下去，但是数学模型都是一样的。为了能在头脑中形成一个例子，让我们想象挂在弹簧一端的重物。不必说，为了描述一个日常的弹簧重物系统是不需要量子力学的，所以让我们想象这个系统的一个非常小的版本，然后把它量子化。

经典力学描述

让我们使用 y 来代表悬挂重物的高度，我们还要选一个原点，当系统平衡的时候，$y = 0$，也就是重物静止的时候。

从经典的角度研究这个系统，我们可以使用在《理论最小值：经典力学》中学习的拉格朗日方法，动能和势能分别是 $\frac{1}{2}m\dot{y}^2$ 和 $\frac{1}{2}ky^2$ 。

你可能记得，拉格朗日量是动能减去势能，即：

$$L = \frac{1}{2}m\dot{y}^2 - \frac{1}{2}ky^2$$

首先，我们先将拉格朗日量写成某种标准的形式，也就是把 y 改成另外的变量，这里我们用 x 。这个坐标并没有什么新内容，它只是代表了质点的位移。在把 y 改成 x 的时候，顺手也把单位制改成更常见的形式，让我们定义一个新的变量：

$$x = \sqrt{m}\, y$$

这样一来，以 x 为变量的拉格朗日量就是：

$$L = \frac{1}{2}\dot{x}^2 - \frac{1}{2}\omega^2 x^2 \qquad （10\text{-}3）$$

其中常数 ω 的定义是 $\omega = \sqrt{\dfrac{k}{m}}$ ，恰巧还等于振子的频率。

通过类似的变量变换，我们可以把所有振子都用相同的形式来描述。这样一来，振子之间的差别就只剩频率 ω 了。

现在，让我们使用拉格朗日方程来给出运动方程，对于一维的系统，只有一个拉格朗日方程，就是：

$$\frac{\partial L}{\partial x} = \frac{\mathrm{d}}{\mathrm{d}t}\frac{\partial L}{\partial \dot{x}} \qquad (10\text{-}4)$$

把它应用于公式 10-3 后，我们发现：

$$\frac{\partial L}{\partial \dot{x}} = \dot{x} \qquad (10\text{-}5)$$

它是与 x 对偶的正则动量，对它求时间导数，得到：

$$\frac{\mathrm{d}}{\mathrm{d}t}\frac{\partial L}{\partial \dot{x}} = \ddot{x} \qquad (10\text{-}6)$$

我们就得到了公式 10-4 等号右边的结果。而等号左边的结果是：

$$\frac{\partial L}{\partial x} = -\omega^2 x \qquad (10\text{-}7)$$

把公式 10-7 和公式 10-6 的左右两边连接起来，就得到：

$$-\omega^2 x = \ddot{x} \qquad (10\text{-}8)$$

这个方程等效于 $F = ma$。为什么有负号呢？因为力是回复力，也就是力的方向正好与位移的方向相反。我们已经见过这个方程很多次了，它的解是正弦和余弦的组合。其通解就是：

$$x = A\cos(\omega t) + B\sin(\omega t) \qquad (10\text{-}9)$$

这也从另一个角度证明了 ω 确实是振荡频率。对它求两次微分之后就得到一个 ω^2 的因子。

Quantum
Mechanics

量子力学练习

练习 10-1： 对公式 10-9 求时间的二阶导数，从而证明它是公式 10-8 的解。

量子力学描述

现在让我们转到微观领域去，比如这一次的弹簧振子系统不会大于一个分子。这似乎很荒唐。我们怎么可能造出那么小的弹簧呢？但实际上，自然界中存在着各种各样的微型弹簧系统。很多分子是由两个原子组成的，比如一个重的、一个轻的。因此，把分子维持在平衡位置的力会把两个原子分开到某个特定的距离上。当轻的原子被移动时，它会被再次吸引回平衡位置。这样的分子就是一个微型的弹簧振子系统，但是它又太小，所以我们不得不用量子力学来理解它。

我们已经解出了经典的拉格朗日量，接下来试一试构造这个系统的量子力学版本。要做的第一件事情就是找到态空间。正如我们看到的那样，粒子在一条线上的运动态可以表示成波函数 $\psi(x)$。这里有很多可能的系统态，每一个都用不同的波函数来代表，这个波函数 $\psi(x)$ 要满足一定的条件：$\psi^*(x)\psi(x)$ 是发现一个粒子处于位置 x 的概率密度（单位间隔的概率），即：

$$\psi^*(x)\psi(x) = P(x)$$

在这个方程中，$P(x)$ 代表着概率密度，我们现在算是找到系统动能的某种具体表达了。

$\psi(x)$ 的形式可以是任意的吗？除了要求连续和可微 ①
之外，唯一的限制条件就是在任意位置找到粒子的总概率必
须为 1：

$$\int_{-\infty}^{+\infty}\psi^*(x)\psi(x)\mathrm{d}x=1 \qquad (10\text{-}10)$$

这似乎也没有带来太多的限制。因为无论等号右边的数
值是多少，我们都可以通过在 ψ 前面乘以一个常数来让整
个积分的结果等于 1，对于这一点只要积分不是等于 0 或者
无穷大就可以做到。显然 $\psi^*(x)\psi(x)$ 一定是正的，所以我
们不必担心积分会等于零。但是无穷大就是另外一回事了，
有很多的函数可以让公式 10-10 的积分"飞"掉，因此一个
合理的波函数条件包括：ψ 必须很快衰减到 0，以便积分是
收敛的。具有这一条件的函数叫作可归一的。

关于谐振子，我们有两个问题：

● **作为时间的函数，态矢量会怎样变化？** 为了回答这

———————————
① 可微就是可以微分。函数不止本身是连续不断的，它的导数也需要存
在。——译者注

个问题，我们需要知道哈密顿量。

● **谐振子可能具有的能量是多大？** 这也取决于哈密
顿量。

为了回答这些重要的问题，我们需要知道哈密顿量。幸
好，我们可以从拉格朗日量中推出它来，马上我就会提示你
要怎么做。但首先回忆一下与 x 共轭的正则动量，它被定义
成 $\partial L / \partial \dot{x}$ [1]。结合公式 10-5，得到：

$$p = \frac{\partial L}{\partial \dot{x}} = \dot{x}$$

使用在经典力学中直接的定义，我们发现谐振子的哈密
顿量是：

$$H = p\dot{x} - \mathcal{L}$$

其中的 p 是与 x 共轭的正则动量，$\mathcal{L}$ 代表拉格朗日量 [2]。我
们可以从这个定义直接开始，但是实际上我有一个更快捷的
方法。因为拉格朗日量是动能减去势能，而哈密顿量是动能

---

[1] 这个思路在《理论最小值：经典力学》中解释过。
[2] 我们并不需要求和号，因为这里只有一个自由度。

加上势能，换句话说也就是总能量。谐振子的哈密顿量因此就可以写作：

$$H = \frac{1}{2}\dot{x}^2 + \frac{1}{2}\omega^2 x^2$$

到目前为止都没有问题，但我们还没有完全结束。我们使用速度来表示动能，在量子力学中，我们要用算符来表示力学量，但我们并没有速度算符。为了照顾这一点，我们把公式重新写成位置和正则动量的形式，它们是由标准算符表达的。把哈密顿量重写成正则动量是很容易的，因为

$$p = \frac{\partial L}{\partial \dot{x}} = \dot{x}$$

因此，

$$H = \frac{1}{2}p^2 + \frac{1}{2}\omega^2 x^2 \qquad （10\text{-}11）$$

这是经典的哈密顿量。现在我们可以把它换成量子力学的公式了，方法就是把 x 与 p 解释为作用在 $\psi(x)$ 上的算符。就像我们以前做的那样，我们的量子算符将使用大写的 X 和 P，以区分它们的经典对应物 x 和 p。从前面的讲座中，

我们已经相当了解这些算符是如何工作的了。X 的作用就是在波函数前面乘以一个位置变量：

$$X|\psi(x)\rangle \implies x\psi(x)$$

就像在另一个一维问题中那样，P 的形式也不变：

$$P|\psi(x)\rangle \implies -i\hbar\frac{d}{dx}\psi(x)$$

现在我们知道了，哈密顿量作用于波函数就是要让 P 作用在波函数上两次。这里我们使用与第 9 讲中相同的处理：

$$H|\psi(x)\rangle \implies \frac{1}{2}\left(-i\hbar\frac{\partial}{\partial x}\left(-i\hbar\frac{\partial\psi(x)}{\partial x}\right)\right)+\frac{1}{2}\omega^2 x^2\psi(x)$$

或者

$$H|\psi(x)\rangle \implies -\frac{\hbar^2}{2}\frac{\partial^2\psi(x)}{\partial x^2}+\frac{1}{2}\omega^2 x^2\psi(x) \quad (10\text{-}12)$$

我们使用偏微分是因为 ψ 通常还是另一个变量时间的函数。时间不是一个算符，它和 x 的地位是不一样的，不过态矢量却是随着时间在改变的，因此我们把时间视为一个参数。这个偏微分符号说明，我们描述的是"处于某个固定时刻"的系统。

薛定谔方程

公式 10-12 给出了哈密顿量是如何作用在波函数 ψ 上的，现在我们让它开始工作吧。就如同在前面的几讲中的那样，它就是负责告诉你态矢量应该如何随时间变化的。所以我们写出含时薛定谔方程：

$$\mathrm{i}\frac{\partial \psi}{\partial t} = \frac{1}{\hbar}H\psi$$

代入公式 10-12 的 H，得到：

$$\mathrm{i}\frac{\partial \psi}{\partial t} = -\frac{\hbar}{2}\frac{\partial^2 \psi}{\partial x^2} + \frac{1}{2\hbar}\omega^2 x^2 \psi \qquad (10\text{-}13)$$

这个方程说的是，如果你知道了 ψ（包括它的实部与虚

部）在某一个特定时刻的形式，你就可以预测在之后的时刻
它会变成什么样。注意方程是复值的，并且它含有 i 这个因
子。这意味着即便在一开始 $t = 0$ 的时候 ψ 是纯实值的，经
过一段很短的时间之后，它也会出现一个虚部。因此，任何
一个 ψ 的解都一定是 x 与 t 的复函数。

　　求解这个方程的方法有很多。例如，你可以使用计算机
求出数值解来。从一开始已知的数值 $\psi(x)$，使用计算出来
的导数，就可以把时间向前推进一点点。一旦你有了导数，
就可以计算一个很小的时间上 $\psi(x)$ 的增量是如何变化的。
然后把这个增量添加到 $\psi(x)$ 上去，然后不停地重复这个过
程。它的结果还是挺有趣的，它会以某种方式动来动去。实
际上，在特定的条件下，它会形成一个动来动去的波包，就
像一个谐振子那样。

能级

　　另一个使用哈密顿量可以去做的事情就是计算谐振子的
能级，也就是计算能量的本征值与本征矢量。在第 4 讲中我
们学习过，一旦你知道了本征值与本征矢量，你就可以在不
求解任何方程的情况下解决时间演化的问题。这是因为你已
经知道了每个能量本征矢量对时间是如何依赖的。可以回顾

一下我们在第 4 讲中给出的薛定谔右矢量的配方。

现在让我们集中精力寻找能量本征矢量，可以使用定态薛定谔方程：

$$H|\psi_E\rangle = E|\psi_E\rangle$$

下标 E 代表 ψ_E 是特定的本征值 E 的本征矢量。这个方程定义了两件事情：波函数 $\psi_E(x)$ 和能级 E。让我们使用更为具体的表达，把 H 用公式 10-12 展开来：

$$-\frac{\hbar}{2}\frac{\partial^2\psi_E(x)}{\partial x^2} + \frac{1}{2\hbar}\omega^2 x^2\psi_E(x) = E\psi_E(x) \quad （10\text{-}14）$$

为了求解这个方程，我们必须完成以下两个任务：

● 找到能量 E 作为一个数学解所允许出现的值。

● 找到能量可能的本征值和本征矢量。

这可能会比你所设想的更需要技巧。它的结果是：包括所有复数在内的每一个 E 的数值都对应于一个方程的解，但是大部分的解在物理上是荒诞的。如果我们随便从一点出发求解薛定谔方程，并在时间上前进一点点，那么我们将发现，随着 x 的变大，$\psi(x)$ 也跟着变大，或者说"爆炸式"变大。换言之，我们也许能够找到方程的解，但是其中很少能够归一。

实际上，对于大部分 E 的取值，包括所有的复数，方程 10-14 的解都会随着 x 的变大而指数增长到 ∞、$-\infty$ 或者 $\pm\infty$。这种类型的解是没有物理意义的。它告诉我们谐振子在无穷远处出现的概率远远超过原点的位置。很明显，我们得做一些限制，好能去除掉这种解。所以我们做下面的限制：薛定谔方程的物理解必须是可以归一的。

这是一个非常强的限制。事实上，几乎所有的 E 所对应的解都是无法归一的。不过还有一些特殊的数值，物理的解也还能存在，我们这就来找出它们。

基态

谐振子可能拥有的最低能级是什么？在经典物理学中，能量不可以是负的。因为哈密顿量有一个 x^2 项、一个 p^2 项。为了让能量尽可能的小，我们要让 p 和 x 等于 0。但是在量子力学中，这样的要求是达不到的。海森堡不确定性原理告诉我们，不可以让 p 和 x 同时为 0。你能做到的最强的一点就是，找到一个相互妥协的态，保证其中的 p 和 x 都不是非常延展的。所以最低的能量也就不是 0 了，p^2 和 x^2 也都不是 0。因为算符 X^2 和 P^2 都只有正的本征值，所以谐振子没有负的能级，而实际上，它连零能级都没有。

如果系统中所有的能级都必须是正的话，那么一定存在一个最低的允许能级，还有处于这个能量上的波函数。这个最低的能级叫作基态，使用 ψ_0 来代表。记住这个下标 0 并不是指能量为 0，它的意思是允许存在的最低能量。

一个非常有用的数学定理可以帮助我们识别出基态。在这里我们不去证明它，但是它的陈述非常的简单：对于任何势场的基态波函数都没有零点，而且它是唯一一个没有节点的能量本征态。

所以我们要找谐振子的基态，只要找到某个能量为 E 且没有节点的解就可以了。只要找到它，我们不在乎使用什么样的方法，我们可以使用一些数学上的技巧。你也可以猜一猜，或者去问一位物理学教授。让我使用最后那种方法吧（我愿意做这个教授）。

现在就有这么一个函数：

$$\psi(x) = e^{-\frac{\omega}{2\hbar}x^2} \qquad （10\text{-}15）$$

图 10-1 展示了这个函数的轮廓。可以看出，它主要集中在原点附近，我们所期待的也正是集中在这儿。当离开原点之后，它下降到 0 的速度非常快，所以它的概率密度的积分是有限的。而更重要的是，它没有节点。所以它有机会成为一个基态。

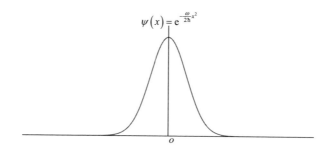

图 10-1 谐振子的基态

我们来看看，是否可以找到什么样的哈密顿量来得到这个函数。哈密顿量的第一项（公式 10-14 的左边）告诉我们要把算符：

$$-\frac{\hbar}{2}\frac{\partial^2}{\partial x^2}$$

应用到 $\psi(x)$ 上。我们来计算这一项，一次求一个微分。

先是：

$$\frac{\partial \psi(x)}{\partial x} = -\frac{\omega}{2\hbar}(2x)e^{-\frac{\omega}{2\hbar}x^2}$$

该式可以简化成

$$\frac{\partial \psi(x)}{\partial x} = -\frac{\omega}{\hbar}xe^{-\frac{\omega}{2\hbar}x^2}$$

然后，我们进行第二次微分，根据乘法规则，这会有两项，也就是：

$$\frac{\partial^2 \psi(x)}{\partial x^2} = -\frac{\omega}{\hbar}e^{-\frac{\omega}{2\hbar}x^2} + \frac{\omega^2}{\hbar^2}x^2 e^{-\frac{\omega}{2\hbar}x^2}$$

把这个结果代入到公式 10-14，同时把等号右边也代入我们猜测的函数 $e^{-\frac{\omega}{2\hbar}x^2}$，得到：

$$\frac{\hbar}{2}\omega e^{-\frac{\omega}{2\hbar}x^2} - \frac{1}{2}\omega^2 x^2 e^{-\frac{\omega}{2\hbar}x^2} + \frac{1}{2}\omega^2 x^2 e^{-\frac{\omega}{2\hbar}x^2} = Ee^{-\frac{\omega}{2\hbar}x^2}$$

在消掉正比于 $x^2 e^{-\frac{\omega}{2\hbar}x^2}$ 的项之后，我们发现了一个漂亮的结果，待求的薛定谔方程被化简为：

$$\frac{\hbar}{2}\omega e^{-\frac{\omega}{2\hbar}x^2} = E e^{-\frac{\omega}{2\hbar}x^2}$$

正像你看到的那样，只要我们令 E 等于 $\frac{\omega\hbar}{2}$，就可以解出这个方程了。换言之，我们不仅找到了波函数，还找到了基态的能量。将基态能量用 E_0 表示，得到：

$$E_0 = \frac{\omega\hbar}{2} \qquad (10\text{-}16)$$

基态波函数，同时也正是教授告诉你的高斯函数：

$$\psi_0(x) = e^{-\frac{\omega}{2\hbar}x^2}$$

真是个聪明的家伙啊。我是说教授。

产生算符和湮灭算符

贯穿整个讲座，我们已经看到有两种方法可以用来思考量子力学。它们都可以追溯到海森堡和薛定谔。海森堡更喜欢代数、矩阵，那时候他就已经知道该把它们称作线性算符了。而薛定谔是从波函数和波动方程的角度去思考的，薛定谔方程就是最为有名的例子。当然这两个思路并不冲突，函数形成矢量空间，而导数就是算符。

到目前为止，我们在学习谐振子的过程中，一直关注的是函数和微分方程。但是有时，特别是针对谐振子的情况，更有力的工具是算符。它把整个波函数和波动方程简化成了很少的几个代数技巧，主要是关于对易关系的。事实上，当你拿到一对算符，我的建议是求出它们的对易式。而如果你有另一个没见过的新算符，那么找到它与原来那对算符之间的对易式，好玩的地方就出现了。

显然这样的方式可能会导致一些枯燥的计算，环环相套没有尽头。但只要你很幸运地找到一组算符，它们的对易关系是闭合的，无论什么时候找到的，你立刻就可以开始干活了。我们很快就会看到算符方法具有的惊人的力量。

现在，让我们把这个方法应用在谐振子上，我们从展开哈密顿量开始，写成 P 和 X 的形式：

$$H = \frac{P^2 + \omega^2 X^2}{2} \qquad (10\text{-}17)$$

为了弄清楚其他剩余的能级，我们还要使用一些技巧。这个思想就是巧妙地利用 X 与 P 的性质（具体来说就是对易关系 $[X, P] = i\hbar$）来构造两个新算符，它们叫作产生和湮灭算符。当产生算符作用在一个能量本征矢量（或本征函数）上时，会得到一个新的本征矢量，而且比原来高一个能级。而湮灭算符的作用正相反：它作用在一个能量本征矢量上的结果是变到低一个能级的能量本征态上去。所以，粗略地说，它们所产生或者湮灭的是能量。它们也被称为上升算符和下降算符。但是记住：算符是作用在态矢量上的，而不是系统上的。为了看出这两个算符的作用，让我们把哈密顿量重新写成：

$$H = \frac{1}{2}\left(P^2 + \omega^2 X^2\right) \qquad (10\text{-}18)$$

这既是一个经典力学的，也是一个量子力学的哈密顿量，唯一的差别是使用小写的 p 和 x，还是使用大写的 P 和 X。我们使用大写的 P 和 X，因为我们想要关注的是量子力学的哈密顿量。

我们先来进行一些在经典力学中完全正确的操作，虽然在量子力学中还要进行一些修正。在上面的圆括号里面，我们对一对平方项求和。根据如下方程：

$$a^2 + b^2 = (a + \mathrm{i}b)(a - \mathrm{i}b)$$

我们似乎也可以把哈密顿量改写为如下形式：

$$H \text{“=”} \frac{1}{2}(P + \mathrm{i}\omega X)(P - \mathrm{i}\omega X) \text{ ①} \qquad （10-19）$$

这种形式差不多是对的。为什么说"差不多"呢？因为量子力学中的 P 和 X 是不对易的，所以在算符的顺序上我们需要更加小心。把这个因式分解的表达式展开，看看它与公式 10-18 中的哈密顿量有怎样的差别。不要弄乱因子的顺序，这个表达式可以写成：

$$\begin{aligned}
\frac{1}{2}(P + \mathrm{i}\omega X)(P - \mathrm{i}\omega X) &= \frac{1}{2}\left(P^2 + \mathrm{i}\omega XP - \mathrm{i}\omega PX - \mathrm{i}^2\omega^2 X^2\right) \\
&= \frac{1}{2}\left(P^2 + \mathrm{i}\omega(XP - PX) - \mathrm{i}^2\omega^2 X^2\right) \\
&= \frac{1}{2}\left(P^2 + \mathrm{i}\omega(XP - PX) + \omega^2 X^2\right) \\
&= \frac{1}{2}\left(P^2 + \omega^2 X^2\right) + \frac{1}{2}\mathrm{i}\omega(XP - PX)
\end{aligned}$$

① 得到 10-19 式中哈密顿量的方法类似于复数平方和的分解，在等号上加引号（作者发明的符号）是为了强调这个式子的相等并不是数学上推导出来的，而是类比式、探索式的"相等"。这也不同于数值上的"差不多"，所以也就不能使用约等号来表示。——译者注

看一下最后一行中右边的括号。我们以前见过这个表达式，它就是 X 与 P 的对易式。实际上，我们已经知道它的数值：

$$(XP - PX) = [X, P] = \mathrm{i}\hbar$$

因而，我们因式分解后的哈密顿量就变成了：

$$\frac{1}{2}(P^2 + \omega^2 X^2) + \frac{1}{2}\mathrm{i}\omega\mathrm{i}\hbar$$

也就是：

$$\frac{1}{2}(P^2 + \omega^2 X^2) - \frac{1}{2}\omega\hbar$$

换句话说就是，因式分解后的公式 10-19，实际上比哈密顿量小了 $\frac{\omega\hbar}{2}$，为了恢复真实的哈密顿量，我们需要把 $\frac{\omega\hbar}{2}$ 加回去：

$$H = \frac{1}{2}(P + \mathrm{i}\omega X)(P - \mathrm{i}\omega X) + \frac{\omega\hbar}{2}$$

把哈密顿量重新写成这个形式似乎只是一个没用的练习，但是相信我，它很有用。首先，最后的一项只是个可加的常数，它在每一个能量本征值上都加了一个数值 $\dfrac{\omega\hbar}{2}$。现在我们可以忽略它，但在我们解决了其余的问题之后还是要把它加回来的。问题的核心在于，表达式 $(P+\mathrm{i}\omega X)(P-\mathrm{i}\omega X)$ 的两个因子——$(P+\mathrm{i}\omega X)$ 与 $(P-\mathrm{i}\omega X)$ 具有一些非凡的性质。实际上，它们就是我在前面提到的升、降算符（也叫产生、湮灭算符）。现在，我们已经知道了名字，接下来再看看为什么要选择叫这个名字。很显然，可以定义下降算符为：

$$a^- = (P - \mathrm{i}\omega X) \qquad (10\text{-}20)$$

而上升算符为：

$$a^+ = (P + \mathrm{i}\omega X) \qquad (10\text{-}21)$$

但历史有时候会抢占本来最显然的定义，由于历史的原因，升、降算符的定义是在它们的前面还要多加一个因子，所以正式的定义是：

$$a^- = \frac{\mathrm{i}}{\sqrt{2\omega\hbar}}\left(P - \mathrm{i}\omega X\right)$$

$$a^+ = \frac{-\mathrm{i}}{\sqrt{2\omega\hbar}}\left(P + \mathrm{i}\omega X\right)$$

如果使用这个定义，哈密顿量看起来就非常简单：

$$H = \omega\hbar\left(a^+ a^- + 1/2\right) \qquad （10\text{-}22）$$

有两个关于 a^+ 与 a^- 的性质我们需要知道，第一个就是它们互为厄米共轭，这可以从它们的定义中看出。另一个性质才是它们有活力的原因，即 a^+ 与 a^- 的对易式为：

$$[a^-, a^+] = 1$$

这很容易证明，首先我们根据它的定义得到：

$$\left[a^-, a^+\right] = \frac{1}{2\omega\hbar}\left[\left(P - \mathrm{i}\omega X\right), \left(P + \mathrm{i}\omega X\right)\right]$$

下一步就是使用对易关系 $[X, X] = 0$，$[P, P] = 0$ 以及 $[X, P] = \mathrm{i}\hbar$。这些关系用到上式中去，你很快就能证

明 $[a^-, a^+] = 1$。

我们可以把公式 10-22 中的哈密顿量写得更为简单一些，只要定义一个叫作粒子数算符（number operator）的新算符：

$$N = a^+ a^-$$

类似地，这只是个名字，但你很快就会看到，这是一个好名字。使用粒子数算符，哈密顿量变成：

$$H = \omega\hbar(N + 1/2) \qquad (10\text{-}23)$$

到目前为止，我们只是在定义一些符号，a^+、a^- 还有 N。这让哈密顿量看起来简单到不可思议，但这在理解能量本征值上并没有实质的进展。为了更进一步，我们回忆一下早些时候的建议：当你有两个算符时，试试它们的对易关系。当前的情况就是这样，我们已经知道一个对易式：

$$[a^-, a^+] = 1 \qquad (10\text{-}24)$$

接下来，让我们找到升、降算符与粒子数算符 N 的对易式。这回我们进行"暴力"求解，步骤如下：

$$\left[a^-, N\right] = a^-N - Na^- = a^-a^+a^- - a^+a^-a^-$$

现在，我们要把这些项结合成：

$$\left[a^-, N\right] = \left(a^-a^+ - a^+a^-\right)a^-$$

这看起来好复杂，实际上我们要注意到圆括号中的表达式就是 $[a^-, a^+]$，正好为 1。使用这一点去简化公式，得到：

$$\left[a^-, N\right] = a^-$$

同样，我们也可以做 a^+ 与 N 的对易式，结果几乎一样。我们把所有的对易式都列在一起：

$$[a^-, a^+] = 1$$
$$\left[a^-, N\right] = a^-$$
$$\left[a^+, N\right] = -a^+ \qquad （10\text{-}25）$$

你可以把这个公式叫作对易式代数，也就是一个在对易操作下闭合的算符集合。对易式代数具有良好的性质，这也让它成为理论物理学家们最为喜爱的工具。现在我们就从谐振子这一标志性的例子来看看对易式代数的威力，用它来找到 N 的本征值和本征矢量。一旦我们知道这些，就能立刻看出公式 10-23 中 H 的本征值是多少。技巧在于使用了一种归纳法：我们假设已经有了 N 的本征值和本征矢量，并把本征值叫作 n，本征矢量叫作 $|n\rangle$。根据定义有：

$$N|n\rangle = n|n\rangle$$

现在，让我们考虑一个新的矢量，它是通过在 $|n\rangle$ 上作用一个 a^+ 得到的。下面我们证明这个结果是 N 的另一个本征矢量，并有一个不同的本征值。再说一次，我们只是直接应用对易关系就行了。先把表达式 $N\left(a^+|n\rangle\right)$ 写成更为复杂的形式：

$$N\left(a^+|n\rangle\right) = \left[a^+N - \left(a^+N - Na^+\right)\right]|n\rangle$$

等号右边括号里的表达式与 Na^+ 相同，只不过是加上又减去

了一项 $a^+ N$。注意圆括号里面的表达式含有公式 10-25 中的一个对易关系，如果也代进去的话，就得到：

$$N\left(a^+\left|n\right\rangle\right) = a^+\left(N+1\right)\left|n\right\rangle$$

最后一步应用了"$\left|n\right\rangle$ 是算符 N 的本征值为 n 的本征矢量"这一事实。这意味着我们可以使用 $(n+1)$ 来代替 $(N+1)$，得到：

$$N\left(a^+\left|n\right\rangle\right) = \left(n+1\right)\left(a^+\left|n\right\rangle\right) \qquad （10\text{-}26）$$

当我们在自动巡航模式下驾车时，我们的视线也总是去寻找好玩的东西，公式 10-26 就很好玩。它告诉我们，矢量 $a^+\left|n\right\rangle$ 是算符 N 的另一个本征态，本征值为 $(n+1)$。换句话说，对于给定的本征矢量 $\left|n\right\rangle$，我们就会得到另一个本征矢量，而且它的本征值增加 1。所有这些，都可以总结在一个方程中：

$$a^+\left|n\right\rangle = \left|n+1\right\rangle \qquad （10\text{-}27）$$

很明显，我们可以一次又一次地做下去，这会得到本

征矢量 $|n+2\rangle$、$|n+3\rangle$ 等。不凡之处在于，我们发现如果存在一个本征值 n，那么它的上面就一定有无穷多个本征值，并且间隔一个整数，所以上升算符这个名字似乎选得不错。

那么下降算符又会怎么样呢？没有意外，我们发现 $a^-|n\rangle$ 会产生低一个单位的本征值：

$$a^-|n\rangle = |n-1\rangle \qquad (10\text{-}28)$$

这说明应该存在一个无尽的小于本征值 n 的序列，但这是不可能的。我们已经知道基态具有正的能量，所以根据 $H = \omega\hbar(N+1/2)$，下降的序列一定有尽头。但是它只能停在一个本征矢量上，就是 $|0\rangle$，当 a^- 作用在它上面的时候，结果等于零（我们不要把 $|0\rangle$ 与零矢量搞混 [1]），可用符号形式表示为：

$$a^-|0\rangle = 0 \qquad (10\text{-}29)$$

作为最低的能量态，$|0\rangle$ 是基态，它的能量为 $E_0 = \omega\hbar/2$，

---

[1] 零矢量的意思是它所有的分量都是 0，而矢量 $|0\rangle$ 是一个分量不为 0 的态矢量。

它是算符 N 本征值为 0 的本征矢量。我们经常会说，基态被 a^- 湮灭掉。

这回你看到了 a^+、a^- 还有 N 这些抽象构造带来的回报。它让我们在不解任何一个复杂方程的情况下，找到了谐振子的整个能谱。构成这个能谱的能量值是

$$E_n = \omega\hbar(n+1/2)$$
$$= \omega\hbar(1/2, 3/2, 5/2\cdots) \qquad (10\text{-}30)$$

谐振子的能级是量子化的，它是量子力学最早的一批结果之一，而且无疑也是最重要的。氢原子是一个非常好的量子力学的例子，但是毕竟它是一个氢原子，不像谐振子那样无处不在。从晶体振荡器到电子线路，再到电磁波，我们可以一直列下去，即便是像秋千上的孩子这样的宏观系统，也有量子能级的存在，但是公式 10-30 中的普朗克常数能够说明，能级之间的间隙是非常微小的，以至于根本察觉不出来。

谐振子的正值能级是一个没有尽头的谱，有时候也被称为塔，或者梯子（如图 10-2 所示）。

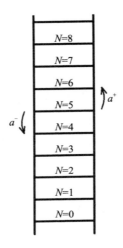

图 10-2　谐振子能量阶梯

注：等级是等间隔的。a^+ 和 a^- 分别代表在能级上的升与降。N 存在一个下限是 0（基态），但没有上限。

再回到波函数

这个练习充分说明了算符代数的威力，而且算符的优点确实非常显著，但是它也非常抽象。它对我们寻找波函数有用吗？毕竟波函数更为具体也更加视觉化，答案是当然可以。

让我们从基态开始，我们就看公式 10-29，基态是唯

——个被 a^- 湮灭掉的态。现在我们用位置和动量算符重写公式 10-29，基态波函数 $\psi_0(x)$ 变成：

$$\frac{\mathrm{i}}{\sqrt{2\omega\hbar}}(P-\mathrm{i}\omega X)\psi_0(x)=0$$

或者除去常数：

$$(P-\mathrm{i}\omega X)\psi_0(x)=0$$

现在让我们用 $-\mathrm{i}\hbar\dfrac{\mathrm{d}}{\mathrm{d}x}$ 来代替 P，这样就得到一个一阶的微分方程，它比二阶的薛定谔方程更简单：

$$\frac{\mathrm{d}\psi_0}{\mathrm{d}x}=-\frac{\omega x}{\hbar}\psi_0(x)$$

这是一个简单的微分方程，很容易求解。或者你也可以试一试公式 10-15 中的基态波函数是不是它的解：

$$e^{-\frac{\omega}{2\hbar}x^2}$$

对于激发态（非基态）的波函数就更简单了，关于这一点我们甚至都不用去解方程。让我们沿着梯子向上爬到 $n = +1$。也就是我们要用 a^+ 作用到基态上。让我们把这个新态的波函数叫作 $\psi_1(x)$。

为了避免在计算中一直拖着常数 $-i/\sqrt{2\omega\hbar}$，我们从 a^+ 的定义中就把它扔掉，这影响的仅仅是数值系数。结果是：

$$\psi_1(x) = (P + i\omega X)\psi_0(x)$$

或者

$$\psi_1(x) = \left(-i\hbar\frac{\partial}{\partial x} + i\omega x\right)e^{-\frac{\omega}{2\hbar}x^2}$$

提出因子 i，得到：

$$\psi_1(x) = i\left(-\hbar\frac{\partial}{\partial x} + \omega x\right)e^{-\frac{\omega}{2\hbar}x^2}$$

这个求解中"最难"的就是算出这个非常简单的对 $e^{-\frac{\omega}{2\hbar}x^2}$ 的微分了，结果就是：

$$\psi_1(x) = 2i\omega x e^{-\frac{\omega}{2\hbar}x^2}$$

或者

$$\psi_1(x) = 2i\omega x \psi_0(x)$$

ψ_0 与 ψ_1 最为重要的差别在于 ψ_1 中存在因子 x。这会造成一定的影响，它导致了波函数在第一激发态上在 $x = 0$ 处有一个零点，或者节点。随着我们在梯子上继续攀登，这个模式还要继续：每提高一个激发态就是多一个节点。通过计算第二激发态 $n = 2$，我们可以看到这个模式出现了。我们要做的就是再次应用 a^+：

$$\psi_2(x) = i\left(-\hbar\frac{\partial}{\partial x} + \omega x\right)\left(x e^{-\frac{\omega}{2\hbar}x^2}\right)$$

我们马上就能看到 ωx 会变成 ωx^2。同时，按照导数的乘法法则，$-\frac{\partial}{\partial x}$ 会给出两项，其中的一项来自指数（再乘一个 ωx），另一项来自对 x 的求导。很明显，我们最后会得到二阶多项式。如果我们把这个导数算出来，波函数是

$$\psi_2(x) = \left(-\hbar + 2\omega x^2\right) e^{-\frac{\omega}{2\hbar}x^2}$$

随着继续沿着梯子向上爬，类似的过程也会继续出现。我们可以看出这里面有另一个模式：每一个本征函数都是 x 的一个多项式乘以 $e^{-\frac{\omega}{2\hbar}x^2}$，因为随着 x 趋于正负无穷大，指数函数比任何多项式都能更快地趋于 0。也是由于多项式的阶数每回都比前一个多项式的阶数增加 1，所以本征函数也会比前一阶多一个零点。这就解释了为什么相近的两个波函数总是对称与反对称依次出现。具体来说就是，偶数阶的多项式是对称的，而奇数阶的是反对称的。这个系列的波函数非常有名，它们被叫作厄米多项式。而基态本征函数 $e^{-\frac{\omega}{2\hbar}x^2}$ 也出现在所有更高能级的波函数中，它在 x 方向是对称的。

图 10-3 展示的是几个不同能级上的本征函数，次数高一级的本征函数比前一个振荡得更厉害。这个对应于动量的增加，波函数振荡得越快，系统的动量就越大。在更高的能级上，波函数也变得更加延展，从物理的角度来说就是质量对原点偏离得更远，也就是动得更快。

本征函数还包含了另外一个重要的内容。尽管它们（相当快地）渐进地趋于 0，但永远也不会到达 0。这就意味着，在势能函数定义出来的"碗的外边"还是有可能找到一个粒

子的。这一现象叫作量子隧穿，这在经典力学中是完全未
知的。

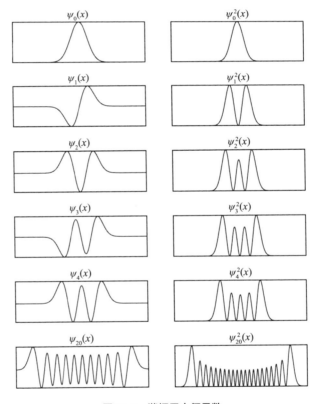

图 10-3　谐振子本征函数

注：左侧图是幅度，右侧图是概率。越高能的波函数振荡
得越厉害，延展得也越大。

量子化的重要性

我们已经爬上了这一讲中最高的山峰，但还不是最后一座。现在我们利用这个有利地势可以一窥量子场论的宏大疆域。那将是另一本书的内容，或者得另外三本书。但我们还是能够看出一点点风貌来的。

思考一个在空腔中的电磁辐射的例子（如图10-4所示）。在这里讨论的空腔是一段空间区域，它的两边有两个完美的反射镜，辐射在里面来回反弹。想象一段狭长金属导管一样的空腔，辐射只能在里面沿着它的长度方向运行。

图 10-4 空腔中的电磁辐射

那就有一个辐射的波长正好能够适合空腔，让我们把波长写作 λ。就像所有的波那样，这个波也要振荡，非常像弹簧一端的质点。但是有一点非常重要，不要弄混了：谐振子不是粘在弹簧一端的质点，真实在振荡的是电场和磁场。对于每一个波长，都有一个数学上的谐振子来描述它的波幅或者场强，因此有很多很多的谐振子在同时运行着。幸运的是，它们之间是独立的，所以我们只要关注特定的一些波长就好了，可以无视其他的。

与谐振子相关的最为重要的一个数就是它的频率。你很可能已经知道如何通过波长 λ 来求出频率：

$$\omega = \frac{2\pi c}{\lambda}$$

在经典物理学中，频率当然就是频率。但是在量子力学中，频率决定了谐振子能量的量子数。换句话说，波长为 λ 的波所包含的能量是：

$$(n+1/2)\hbar\omega$$

对于我们来说，$(1/2)\hbar\omega$ 这一项并不重要，它叫作零点能，并且我们可以忽略掉它。如此一来，波长为 λ 的波所包含的能量就变成：

$$\frac{2\pi\hbar c}{\lambda}n$$

这里的 n 要取大于 0 的正数。换句话说，电磁波的能量是被

量子化成了一个不可再分的单元

$$\frac{2\pi\hbar c}{\lambda}$$

经典物理学家会觉得非常的奇怪。无论你怎样做，能量都会进入到一个不可分割的单元。

可能你已经知道了，这个单元就叫作光子。实际上，光子不过是量子谐振子中量子化了的能级单元的另一个名称而已。我们也可以从其他角度去描述同一个事实，作为不可再分的单元，光子可以被认为是一个基本粒子。一列被激发到第 n 个量子态的波，可以认为是 n 个光子的集合。

单个光子的能量是多大呢？很简单，那就是多加一个单元所要花费的能量：

$$E(\lambda) = \frac{2\pi\hbar c}{\lambda}$$

此处我们可以看到已经主导了物理学一个多世纪的观念：波长越短的光子能量越高。如果短波长的光子更加浪费能量的话，为什么物理学家对短波的光子格外感兴趣呢？答案就是为了看得更清楚。就像在第 1 讲中讨论的那样，为了解析出一个物体的大小，你必须使用波长比它更短的波。为了看清人像，波长只要有英寸的量级就足够了；为了看到一个小小的斑点，你可能要使用比它尺度小得多的可见光；而为了解析质子，波长就要小到 10^{-15} 米，它所对应的光子是非常高能的。最终，它们都要回到谐振子上。

到这，我的朋友们，理论最小值系列这一卷的内容就结束了。期待着在狭义相对论的讲座中与你再相遇。

© Margaret Sloan

泡利矩阵

$$\sigma_z = \begin{pmatrix} 1 & 0 \\ 0 & -1 \end{pmatrix}$$

$$\sigma_x = \begin{pmatrix} 0 & 1 \\ 1 & 0 \end{pmatrix}$$

$$\sigma_y = \begin{pmatrix} 0 & -i \\ i & 0 \end{pmatrix}$$

自旋算符的作用

$$|u\rangle = \begin{pmatrix} 1 \\ 0 \end{pmatrix} \iff \sigma_z |u\rangle = |u\rangle$$

$$\sigma_x |u\rangle = |d\rangle$$
$$\sigma_y |u\rangle = \mathrm{i}|d\rangle$$

$$|d\rangle = \begin{pmatrix} 0 \\ 1 \end{pmatrix} \iff \sigma_z |d\rangle = -|d\rangle$$

$$\sigma_x |d\rangle = |u\rangle$$
$$\sigma_y |d\rangle = -\mathrm{i}|u\rangle$$

$$|r\rangle = \begin{pmatrix} \dfrac{1}{\sqrt{2}} \\ \dfrac{1}{\sqrt{2}} \end{pmatrix} \iff \sigma_z |r\rangle = |l\rangle$$

$$\sigma_x |r\rangle = |r\rangle$$
$$\sigma_y |r\rangle = -\mathrm{i}|l\rangle$$

$$|l\rangle = \begin{pmatrix} \dfrac{1}{\sqrt{2}} \\ \dfrac{-1}{\sqrt{2}} \end{pmatrix} \iff \sigma_z|l\rangle = |r\rangle$$

$$\sigma_x|l\rangle = -|l\rangle$$
$$\sigma_y|l\rangle = \mathrm{i}|r\rangle$$

$$|i\rangle = \begin{pmatrix} \dfrac{1}{\sqrt{2}} \\ \dfrac{\mathrm{i}}{\sqrt{2}} \end{pmatrix} \iff \sigma_z|i\rangle = |o\rangle$$

$$\sigma_x|i\rangle = \mathrm{i}|o\rangle$$
$$\sigma_y|i\rangle = |i\rangle$$

$$|o\rangle = \begin{pmatrix} \dfrac{1}{\sqrt{2}} \\ \dfrac{-\mathrm{i}}{\sqrt{2}} \end{pmatrix} \iff \sigma_z|o\rangle = |i\rangle$$

$$\sigma_x|o\rangle = -\mathrm{i}|i\rangle$$
$$\sigma_y|o\rangle = -|o\rangle$$

基底变换

$$|r\rangle = \frac{1}{\sqrt{2}}|u\rangle + \frac{1}{\sqrt{2}}|d\rangle$$

$$|l\rangle = \frac{1}{\sqrt{2}}|u\rangle - \frac{1}{\sqrt{2}}|d\rangle$$

$$|i\rangle = \frac{1}{\sqrt{2}}|u\rangle + \frac{i}{\sqrt{2}}|d\rangle$$

$$|o\rangle = \frac{1}{\sqrt{2}}|u\rangle - \frac{i}{\sqrt{2}}|d\rangle$$

在 $\hat{n}$ 方向上的自旋分量

矢量记号

$$\sigma_n = \vec{\sigma} \cdot \hat{n}$$

分量形式

$$\sigma_n = \sigma_x n_x + \sigma_y n_y + \sigma_z n_z$$

更具体的形式

$$\sigma_n = n_x \begin{pmatrix} 0 & 1 \\ 1 & 0 \end{pmatrix} + n_y \begin{pmatrix} 0 & -i \\ i & 0 \end{pmatrix} + n_z \begin{pmatrix} 1 & 0 \\ 0 & -1 \end{pmatrix}$$

合成单一矩阵

$$\sigma_n = \begin{pmatrix} n_z & \left(n_x - in_y\right) \\ \left(n_x + in_y\right) & -n_z \end{pmatrix}$$

自旋算符乘法表

关于记号：表1到表3中的 i 有两个含义。在右矢中的 i，比如 $|io\rangle$，是态的标识——io 代表"入-出"态；而右矢符号之外的 i 代表的是单位虚数，比如 $i|oo\rangle$。

表 1　上 - 下基底

	二自旋本征矢量			
	$\lvert uu\rangle$	$\lvert ud\rangle$	$\lvert du\rangle$	$\lvert dd\rangle$
σ_z	$\lvert uu\rangle$	$\lvert ud\rangle$	$-\lvert du\rangle$	$-\lvert dd\rangle$
σ_x	$\lvert du\rangle$	$\lvert dd\rangle$	$\lvert uu\rangle$	$\lvert ud\rangle$
σ_y	$\mathrm{i}\lvert du\rangle$	$\mathrm{i}\lvert dd\rangle$	$-\mathrm{i}\lvert uu\rangle$	$-\mathrm{i}\lvert ud\rangle$
τ_z	$\lvert uu\rangle$	$-\lvert ud\rangle$	$\lvert du\rangle$	$-\lvert dd\rangle$
τ_x	$\lvert ud\rangle$	$\lvert uu\rangle$	$\lvert dd\rangle$	$\lvert du\rangle$
τ_y	$\mathrm{i}\lvert ud\rangle$	$-\mathrm{i}\lvert uu\rangle$	$\mathrm{i}\lvert dd\rangle$	$-\mathrm{i}\lvert du\rangle$

表 2　左 - 右基底

	二自旋本征矢量			
	$\lvert rr\rangle$	$\lvert rl\rangle$	$\lvert lr\rangle$	$\lvert ll\rangle$
σ_z	$\lvert lr\rangle$	$\lvert ll\rangle$	$\lvert rr\rangle$	$\lvert rl\rangle$
σ_x	$\lvert rr\rangle$	$\lvert rl\rangle$	$-\lvert lr\rangle$	$-\lvert ll\rangle$
σ_y	$-\mathrm{i}\lvert lr\rangle$	$-\mathrm{i}\lvert ll\rangle$	$\mathrm{i}\lvert rr\rangle$	$\mathrm{i}\lvert rl\rangle$
τ_z	$\lvert rl\rangle$	$\lvert rr\rangle$	$\lvert ll\rangle$	$\lvert lr\rangle$
τ_x	$\lvert rr\rangle$	$-\lvert rl\rangle$	$\lvert lr\rangle$	$-\lvert ll\rangle$
τ_y	$-\mathrm{i}\lvert rl\rangle$	$\mathrm{i}\lvert rr\rangle$	$-\mathrm{i}\lvert ll\rangle$	$\mathrm{i}\lvert lr\rangle$

表3 入-出基底

	二自旋本征矢量			
	$\lvert ii\rangle$	$\lvert io\rangle$	$\lvert oi\rangle$	$\lvert oo\rangle$
σ_z	$\lvert oi\rangle$	$\lvert oo\rangle$	$\lvert ii\rangle$	$\lvert io\rangle$
σ_x	$i\lvert oi\rangle$	$i\lvert oo\rangle$	$-\lvert ii\rangle$	$-\lvert io\rangle$
σ_y	$\lvert ii\rangle$	$\lvert io\rangle$	$-\lvert oi\rangle$	$-\lvert oo\rangle$
τ_z	$\lvert io\rangle$	$\lvert ii\rangle$	$\lvert oo\rangle$	$\lvert oi\rangle$
τ_x	$i\lvert io\rangle$	$-i\lvert ii\rangle$	$i\lvert oo\rangle$	$-i\lvert oi\rangle$
τ_y	$\lvert ii\rangle$	$-\lvert io\rangle$	$\lvert oi\rangle$	$-\lvert oo\rangle$

未来，属于终身学习者

我这辈子遇到的聪明人（来自各行各业的聪明人）没有不每天阅读的——没有，一个都没有。巴菲特读书之多，我读书之多，可能会让你感到吃惊。孩子们都笑话我。他们觉得我是一本长了两条腿的书。

——查理·芒格

互联网改变了信息连接的方式；指数型技术在迅速颠覆着现有的商业世界；人工智能已经开始抢占人类的工作岗位……

未来，到底需要什么样的人才？

改变命运唯一的策略是你要变成终身学习者。未来世界将不再需要单一的技能型人才，而是需要具备完善的知识结构、极强逻辑思考力和高感知力的复合型人才。优秀的人往往通过阅读建立足够强大的抽象思维能力，获得异于众人的思考和整合能力。未来，将属于终身学习者！而阅读必定和终身学习形影不离。

很多人读书，追求的是干货，寻求的是立刻行之有效的解决方案。其实这是一种留在舒适区的阅读方法。在这个充满不确定性的年代，答案不会简单地出现在书里，因为生活根本就没有标准确切的答案，你也不能期望过去的经验能解决未来的问题。

而真正的阅读，应该在书中与智者同行思考，借他们的视角看到世界的多元性，提出比答案更重要的好问题，在不确定的时代中领先起跑。

湛庐阅读App：与最聪明的人共同进化

有人常常把成本支出的焦点放在书价上，把读完一本书当作阅读的终结。其实不然。

时间是读者付出的最大阅读成本

怎么读是读者面临的最大阅读障碍

"读书破万卷"不仅仅在"万"，更重要的是在"破"！

现在，我们构建了全新的"湛庐阅读"App。它将成为你"破万卷"的新居所。在这里：

● 不用考虑读什么，你可以便捷找到纸书、电子书、有声书和各种声音产品；

● 你可以学会怎么读，你将发现集泛读、通读、精读于一体的阅读解决方案；

● 你会与作者、译者、专家、推荐人和阅读教练相遇，他们是优质思想的发源地；

● 你会与优秀的读者和终身学习者为伍，他们对阅读和学习有着持久的热情和源源不绝的内驱力。

下载湛庐阅读 App，
坚持亲自阅读，
有声书、电子书、阅读服务，
一站获得。

CHEERS

本书阅读资料包
给你便捷、高效、全面的阅读体验

本书参考资料

☑ **参考文献**
为了环保、节约纸张，部分图书的参考文献以电子版方式提供

☑ **主题书单**
编辑精心推荐的延伸阅读书单，助你开启主题式阅读

☑ **图片资料**
提供部分图片的高清彩色原版大图，方便保存和分享

相关阅读服务

☑ **电子书**
便捷、高效，方便检索，易于携带，随时更新

☑ **有声书**
保护视力，随时随地，有温度、有情感地听本书

☑ **精读班**
2~4周，最懂这本书的人带你读完、读懂、读透这本好书

☑ **课　程**
课程权威专家给你开书单，带你快速浏览一个领域的知识概貌

☑ **讲　书**
30分钟，大咖给你讲本书，让你挑书不费劲

湛庐编辑为你独家呈现
助你更好获得书里和书外的思想和智慧，请扫码查收！

（阅读资料包的内容因书而异，最终以湛庐阅读App页面为准）

图书在版编目（CIP）数据

理论最小值：量子力学 / （美）莱昂纳德·萨斯坎德（Leonard Susskind），（美）阿特·弗里德曼（Art Friedman）著；王乔译. -- 杭州：浙江教育出版社，2023.1
ISBN 978-7-5722-5160-3

Ⅰ.①理… Ⅱ.①莱… ②阿… ③王… Ⅲ.①量子力学—研究 Ⅳ.①O413.1

中国国家版本馆CIP数据核字（2023）第005267号

上架指导：科普读物 / 量子力学

理论最小值：量子力学
LILUN ZUIXIAOZHI: LIANGZI LIXUE

［美］莱昂纳德·萨斯坎德（Leonard Susskind）
［美］阿特·弗里德曼（Art Friedman）　著
王　乔　译

责任编辑：王　超
美术编辑：曾国兴
责任校对：周嘉宁
责任印务：刘　建
封面设计：ablackcover.com
出版发行：浙江教育出版社（杭州市天目山路 40 号　电话：0571-85170300-80928）
印　　刷：天津中印联印务有限公司
开　　本：880mm×1230mm 1/32
印　　张：14
版　　次：2023 年 1 月第 1 版
书　　号：ISBN 978-7-5722-5160-3
插　　页：1
字　　数：268 千字
印　　次：2023 年 1 月第 1 次印刷
定　　价：109.90 元

如发现印装质量问题，影响阅读，请致电 010-56676359 联系调换。